配合手機APP

U0114313

各位讀者您好，
本書為了讓讀者可以更清楚了解如何記帳，
邁向成功理財之路，配合理財APP軟體，
麻煩請事先下載「每日記帳本+」。
一邊看書，一邊實際操作，效果事半功倍！

下載步驟：

前往 Google Play Store：請搜尋 每日記帳本+

每日記帳本+

（下載網址 QR CODE）

 https://play.google.com/store/apps/details?id=com.
colaorange.dailymoney

博客思出版社

財富自由，
從家庭理財做起

陳政毅　著

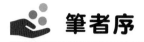

筆者序

　　誰説家庭就不需要做自己的財務報表呢？只有國家及企業才需要財務報表嗎？

　　筆者認為每個家庭都是一個獨立系統，小至個人，大至國家及企業，都需要一套專屬於自己財務報表，關鍵在於自身如何管理個人或家庭財務而己，自己的報表自己編，只是國家及企業因為有外部人(會計師審查)機制，所以財務報表會有很多限制及規定，但是個人及家庭就是對自己負責，我們自己掌握家庭的財務狀況，就可以依自己的想法，來製造一套屬於自己的家庭財務報表，不用有外部人查帳的顧慮。

　　由此，筆者覺得每個家庭，都需要製作一份家庭理財報表，讓自己能夠清清楚楚的掌握家中財務狀況，也只有深切了解家中財務狀況，就能夠對自己家庭財務狀況進一步分析，並提出改善方案，讓家庭財務狀況改善，逐步朝向財務自由的世界，而筆者就是依照這個想法，一步一步去實現。

　　在朝向財富自由的路上，筆者依照自己的親身經驗，分享提供給各位讀者，希望讀者不用再自己重走這一條路，就依照著本書筆者的親身經驗，更快的到達財務自由的彼岸吧。

　　　　　　　　　　　　　　　　　　　　　　　　筆者敬上

推薦序 CB大（蕭啟斌）

　　很榮幸受到政毅兄的邀請替本書作序，敝人剛好也對理財與投資有所涉獵，欣見多年好友也撰文予一般家庭作為理財的參考，亦結合時下APP幫助一般大眾更容易制訂理財目標。

　　經濟學第一課就告訴我們，因為供給有限，慾望無窮，因此世間萬物都能達成需求數量與價格供給的平衡，因而如何運用金錢成就人生，就是芸芸眾生需面對的重大課題。

　　這兩年我總共到日本旅遊六次，大部分時候是跟朋友自由行，而從自己著手規劃行程來看，就能將朋友分類為『窮和尚』與『富和尚』兩種基本類型：『富和尚』型要求食宿品質，總希望將米其林或高級和牛餐廳納入行程表中；『窮和尚』型萬事計算精準，還沒出門已經將口袋會流出多少現金算得一清二楚，每餐不得超過500元、連鎖牛丼飯亦吃的津津有味，而我自己呢？就跟一隻阿米巴原蟲一樣適應，好的貴的便宜的，我都能接受，因為我明白旅遊沒有好壞對錯之分，都是珍貴回憶的一部份。而規劃旅遊就跟理財計劃一樣，就因為資源有限，慾望無窮，我們更必須仰賴策略達成目標，用有限資源打贏這場戰爭！

　　我印象最深刻的是在大阪遇到一位獨自旅行的背包客，住一晚600台幣的旅館，每天晚上九點半後到玉出（大阪地區以便宜著名的連鎖超商）買特價壽司與便當，加上廉航機票旅日一周的費用低於15000台幣，就因為他focus在名勝古蹟的參訪而非精緻美

食上，同樣也將行程設計得精彩非常！

　　有些人悲觀地認為『沒錢談什麼夢想！』，但我們可以縮小我們的夢想，堅毅地朝向前邁去，而本書良好的理財規劃就是達成此目的的關鍵。

（親筆簽名）

推薦序 李承倫

侏羅紀股份有限公司總經理　李承倫

政毅是一位致力於財富自由的實踐者，同時也是侏羅紀（股）公司的財務長。

政毅在前任公司的一個起心動念，促使他進而著手進行寫書，目的就只有一個，財富自由，而想要財富自由並非空中樓閣，而是需一步一步的規劃、實踐、檢核、改善，正如美國著名的管理學家戴明（Deming）所提出，四大概念：計畫（Plan）、執行（Do）、查核（Check）、行動（Act）一樣，均可應用在生活中。

以我為例，從小以玩石頭為志業，雖然父母希望我學音樂，當時的我也在思考，如何要達成這一個偉大目標，當時我到美國亞利桑那州立大學學習音樂時，因緣際會在街邊發現一面旗子，上面寫著「To Gem Show」，礦石展。之後我才知道，原來亞利桑那州是美國最大的礦石產地，世界各地的人都來這裡參加珠寶展，什麼多米尼加、哥倫比亞，從莫桑比克、馬達加斯加、肯尼亞到俄羅斯、巴西、烏拉圭……，而我依著此志向（Plan），去世界各國礦區收集原礦（Do），辨明真偽（Check），成立企業進行原礦買賣生意（Act），這一步一步都是我實踐的親身經歷。

以上經歷是要向各位說明，想要達成目標，除了計畫以外，一個好的達成目標工具更是重要，而政毅的「財富自由，從家庭理財開始」，就是可以幫助各位達成財富自由的工具書。

（親筆簽名）

推薦序 Dennis

每日記帳本＋ APP原始開發者 Dennis

我從開始工作後，就一直有記帳的習慣。從用手寫的筆記本，軟微的Excel到其他桌面軟體。在手機App起飛的2010年，因為當時市面上還沒有好用的相關App，於是就用自己記帳的習慣寫了每日記帳本（DailyMoney, DM）這個App，並開放免費使用。

當時並沒有想太多，只是方便記帳，追帳，能掌握自己的收入，支出，負債及資產。App也就在能用就好的狀況下沒作太多的更新。轉眼間，到了2018，已經是App遍地開花的年代，因緣際會下，回來更新及加強這個老App，也碰巧因作者出書而有了些交流。當初的出發點打著Simple & Easy，但現在來看，卻是一個高門檻的App，因為沒有教導使用者為何需要記帳及簡單的帳務觀念。

這本書的出發點，比我想的還廣；而目的，跟我想加強DM的地方不謀而合，而且有著更多的想法。書中更具體的說明為何要記帳，帳務觀念，帳目分類，理財，財務報表及指標。不管你賺的多，賺的少，只要不是有專人幫你處理，都需要找一個適合你或妳家庭的方法記帳，期待這本書跟DM能幫到想要管理財富的你。

Dennis （親筆簽名）

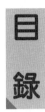

第 1 章

家庭理財

第 1 節
前言緣起

　　會賺錢是好事，會理財才是大事！賺錢是你為金錢打工，理財是金錢為你打工。但是，理財不是一時衝動，不是投機取巧，不是憑運氣，而是一種智慧，一門學問，需要具有持之以恆的毅力，並掌握實用的技巧。

　　筆者本身有家庭理財規劃10年經驗，在一開始要建立自己的家庭理財規劃系統時，發現自己對於理財知識過於貧乏，但筆者不因此就放棄，也由於本身是相關科系，透過海量閱讀後，初步建立一套屬於自己的家庭理財規劃系統，當時並沒有手機APP程式，也就自己一筆一筆的用紙及Excel搭配使用。

　　時至近期手機APP程式盛行，不管在安卓或Apple系統有著如雨後春筍般，各式各樣，各種需求種類APP程式出現在大家的生活中，提供給大眾更多的便利性。

　　然而，對筆者而言，使用了近百筆記帳APP程式後，發現在市場上APP程式，都注重在記錄收入及支出，雖然多了很多便利性，如預算管控、發票整理、折舊計算，更便利的還有一鍵記帳，大大節省了記帳的時間性。

但是

為什麼要記帳？

記帳的目的為何？

要如何記帳？

如何才是一個對自己本身有效的記帳方式？

記完帳的呈現出的意義？

記完帳要做什麼？

記帳資料如何分析成記帳資訊？

常常我們記完帳，也因為太便利，反而讓我們陷在記帳的迷失中，卻忘了，我們記帳的最重要主軸為何。

由此，筆者依據自己本身十多年的家庭理財經驗，提供自身寶貴經驗給所有想要透過記帳，欲達成財務自由的各位，經由條例式思考的慎密邏輯，讓想要在家庭理財大架構下，同時能持續保持記帳習慣，逐步建立一套屬於自己的一套家庭理財系統。

本書是專為台灣家庭專屬訂制的家庭理財寶典，是實用、體貼的理財工具書。

第 2 節
為何要家庭理財

2014年8月中國信託銀行和政大商學院民意與市場調查

研究中心合作做了一項**「台灣世代家庭理財行為調查」**，根據調查顯示，需要照顧雙親及子女35歲至44歲的「三明治世代」比較沒有為未來生活進行長遠規劃。

而調查指出，民眾投入家庭理財資金提高的比例約為43%，但理財目的大多用於家庭短期支出，「三明治世代」面對高齡化與少子化的雙重夾擊下，投入家庭理財的比例最高，目的大多為支付子女教育費及日常生活開銷，即使認同退休後可能需要支付醫療支出，仍有5成以上受訪者也還沒有著手準備退休規劃。

為什麼大家沒有為未來生活進行長遠規劃的習慣呢？也許有人會認為現在薪水又不高，應付日常開銷都有問題，何來多餘的錢為未來做準備？

又或許有人會想，如果薪水夠高的人，對於未來生活長遠規劃應該就沒有問題了吧，事實上卻不然，因為沒有依照自己財務目標來做規劃，因此很容易在理專的推薦下，買了一些投資風險過於集中的投資標的，或是使用整體投資報酬率相當低、類定存的投資工具，因此不是投資產生嚴重的虧損，就是所投資的錢的投資收益根本趕不上通貨膨脹的幅度。

而在家庭理財這事來説，根本原因不是薪水收入高低，而是大家缺乏正確的家庭理財認知，心態上的因素占絕大部份。如果您能夠誠實面對自己家庭的財務現狀，不管財務現狀是負債，或是財務狀況相當優渥，如果您能夠靜下心來、花一點時間就財務現狀做規劃調整，你會發現做這件事情對您來説相當值得！

● **我們知道，理財不是單純教你如何記帳、計較消費甚至不消費，而是提供你一種讓生活過得更簡單更快樂的提案。**

而在家庭理財中最重要的無非就是清楚家庭金錢的流向，進而加以規劃調整，但是大家應該都有同感：

就是一筆錢沒有特別的開銷，但是就是莫名其妙的花光了。

以下案例是否為您的寫照呢？

終於要領薪水了！興奮之餘，想起自己每個月初都會不小心就把月薪全部花光的悲劇嗎？到每月底還在縮衣節食奮鬥著嗎？

消費要有規劃了！認清自己是需要還是想要，把荷包裡的錢好好看住，才不會等到真正要用的時候，卻發現已經沒錢了！

〈**一定要記住，你不理財，財不理你！**〉

而在面對未來這麼多不確定性，我們要如何因應呢？

只有把握當下，努力去做，好好依照著本書方式去執行家庭理財。

● **本書就是幫助你脱離以上狀況的家庭理財工具書。**

第 3 節
前言緣起

「為願意開始，任何時候都來的及」

只要願意開始，任何時候都來的及，每一天都是新的開始。

哈佛大學心理學教授艾倫・朗格和她的學生做過一個

「時空膠囊」的實驗，實驗發現：衰老常常是一個被灌輸的概念。只要「相信」自己不老，就真不會衰老，除非你真的覺得自己老了，放棄了「年輕」的念頭，你的身體和思維就會向衰老靠攏。

經常有人說：「我都三十幾歲了，四十幾歲了，我現在重新開始已經來不及了……」其實，不管什麼時候都來得及。

艾倫・朗格說：「如果你是一個懂得專注力的人，年齡從來不是問題。無論你20歲，30歲，或者60歲，你都在體驗當下，在自己的時間裡加入生命的體驗。」

限制我們生命的從來就不是年齡，而是來源於自己思想和行為。

很多人過去幾十年努力只為爭取別人的滿意，證明給別人看，從而迷失了自己。很多人到晚年，後悔沒做的事比後悔做錯的事要多得多，遺憾的是光陰只有一次，無法重來。所以，不管

你多大年齡，過去發生什麼，錯過什麼，失去什麼，做錯什麼，只要不放棄，堅持不斷地探索和行動，就會有路，就會找到一條屬於自己的路！

生命是一條長路，在人生的路上，走多慢都不要緊，只要一路上確實享受當下。

出生於1923年4月4日的 Phyllis Sues 被稱為「92歲的小姑娘」，她50歲開創自己的服裝品牌，70歲成為作曲家，80歲學跳探戈，85歲學瑜伽。她在博客上寫給年輕人的一句話：「看看我，如果想說做什麼事太晚了之類的話，請你再好好思考一下！」只要決定了，任何時候都不晚，每一天都是新的開始。

2013年諾貝爾文學獎獲得者加拿大女作家艾麗絲‧門羅告訴我們，真正的生活是從50歲開始，50歲之前只不過是為50儲備著它需要的能量。不禁感嘆，很多人都沒有真正意義上的生活就已離去。

● 真正的人生並不是從生命誕生開始，而是從找到自己的那一刻開始。

● 怎麼才能找到自己，激發生命的能量？就是當你清晰地知曉：你究竟是誰，你想要什麼生活，你心中有什麼樣的夢想？

在我們每個人的內心深處，有一個地方，充滿著完美的寧靜。

在我們每個人的生命旅程中，有一個地方，一切皆有可能。

通往這些地方的門為每個人打開著，如果每天有一段時間靜下來，內觀自心，去探索，去發現，去行動，去創建，就會發現屬於你的這些地方。

「天下沒有白吃的午餐」

　　「天下沒有白吃的午餐」這句話，當代人幾乎都能琅琅上口，其原始出處雖有爭議，但它之所以能膾炙人口，無疑歸功於米爾頓・傅利曼（1912年7月31日～2006年11月16日）這位1976年諾貝爾經濟學獎得主—有「20世紀最偉大的自由經濟學家」美譽的經濟學大師。由於傅利曼在給大眾的通俗文章中引用，這句話才風靡全球，這同時也突顯出傅利曼在公眾中享有極高的聲譽。

　　而在2008年中國經濟學人洛克菲勒給孩子的信中，有一個這樣的故事。

　　在很久很久以前，一位聰明的老國王，想編寫一本智慧錄，影響後世子孫。一天，老國王將他聰明的臣子召集來，說：「沒有智慧的頭腦，就像沒有蠟燭的燈籠，我要你們編寫一本各個時代的智慧錄，去照亮子孫的前程。」

　　這批聰明人領命離去後，工作很長一段時間，最後完成了一本堂堂十二卷的巨作，並驕傲的宣稱：「陛下，這是各個時代的智慧錄。」

　　老國王看了看，說：「各位先生，我確信這是各個時代的智

慧結晶。但是，它太厚了，我擔心人們讀它會不得要領。把它濃縮一下吧！」這些聰明人費去很多時間，幾經刪減，完成了一卷書。但是，老國王還是認為太長了，又命令他們再次濃縮。

……

這些聰明人把一本書濃縮為一章，然後減為一頁，再變為一段，最後則變成一句話。聰明的老國王看到這句話時，顯得很得意。「各位先生」，他說：「這真是各個時代的智慧結晶，而且各地的人一旦知道這個真理，我們大部分的問題就可以解決了。」這句話就是：「天下沒有白吃的午餐。」

智慧之書的第一章，也是最後一章，是天下沒有白吃的午餐。如果人們知道出人頭地，要以努力工作為代價，大部分人就會有所成就，同時也將使這個世界變得更美好。而白吃午餐的人，遲早會連本帶利付出代價。

「有錢代表富足？想要和需要的概念」

　　有錢和富足是等號嗎？筆者認為Y-Combinator的創辦人保羅・葛蘭（Paul Graham），在「金錢不是財富」中的敘述值得您好好思考。

　　如果你想要創造財富，那必須先了解「財富是什麼」。財富並不是金錢。從有人類以來財富就已經存在，甚至更久，其實螞蟻都有財富。而金錢，相對的，則是相當近代的發明。

　　財富是一個非常基本的觀念，它就是「你想要的東西」──食物、房子、車子、電子產品、旅遊等等。你可以擁有很多財富，但不一定要有錢。如果你有小叮噹的神奇口袋，可以從裡面拉出車子、晚餐、甚至是傭人來幫你洗衣服，或是任何你想要的東西，你並不需要金錢。另一個極端的情況是如果你身處在冰天凍地的南極，什麼東西也買不到，那你銀行裡有再多錢也沒什麼意義。

　　所以，財富是你想要東西的總稱，而不是金錢。但如果財富才是重要的，為何每個人開口閉口都是錢、錢、錢呢？

　　因為錢背後代表的是財富交換的過程，在實務上它跟財富是可以互換的。但這兩者不是同一個東西，除非你想要靠著印假鈔來變得富有，否則談論越多關於「賺錢」的事，只會讓你迷失了方向。

金錢其實只是人類社會走進專業分工社會後，所產生的副產品。在一個高度分工的世界，你往往無法生產大部分自己需要的東西。所以當你需要一包米，你必須要想辦法跟農夫拿。在遠古，你或許會用農夫需要的東西和他交換。但是以物易物在實作上有很多困難，如果你是專門製作二胡琴的，請問有多少農夫會願意跟你換？

　　所以，因為專業分工的需要，人類社會把以物易物的過程，變成了一個兩階段的步驟。你先把二胡琴換成銀兩，然後再拿銀兩去換你想要的東西。這些銀兩，或是任何的中間交換媒介，以往必須是稀有金屬。但近年來我們又把它換成鈔票，而鈔票的稀有性則由政府來保證。

　　有了金錢的好處是讓交易的過程變得非常有效率，但是壞處就是它讓人們忘記了交易的本質。人們開始以為企業存在的意義是為了賺錢，但我們説過了，錢只是過程，錢只是為了拿來換取人們需要的東西。所以，一個企業真正的本質應該是要建立財富，建立人們想要的東西。

　　更生活化來説，有錢的定義是大家所看到表面象徵？住豪宅、開名車？還是內在的富足才算是有錢呢？如果外在象徵是向銀行貸款來的，那麼這樣算有錢嗎？我們往往都弄不清楚需要和想要不同，當我們走在路上看到一個自己很喜歡物品，就很迅雷不及掩耳就買下去，事後想想才發現，這東西是因為情感上想要才買的，事實上回家很少用到或是在家中原本就有的東西，然而這個需要及想要的概念，是需要在日常生活中透過智慧及理性，在每天的時刻修練中，時時刻刻放在心中，做為自己的中心準則，才能讓自己在不知不覺中，成為自己行為習慣的一部份。

「家庭理財價值觀的建立」

　　在網路上MBA百科上，對於理財價值觀的解說為價值觀的一種，它對個人理財方式的選擇起著決定作用。價值觀因人而異，沒有對錯標準，同樣理財價值觀也因人而異。理財價值觀就是投資者對不同理財目標的優先順序的主觀評價。人在成長的過程中，受到社會環境、家庭環境、教育水平等方面的影響，以及受個人的經歷的影響，逐漸形成了白己獨特的價值觀。

　　搜狐文章中指出，理財價值觀分為 **4** 類。

一、以子女為中心型

　　這類人一般是從有了自己的孩子後，價值觀即逐漸形成。沒有當父母的人基本是體會不到這種價值觀的。這類人無論是否懂理財知識，其初期目標均會是為子女進行教育金的規劃，直接體現在財務上面的操作就是為子女的教育進行儲蓄，儲蓄教育基金。包括，幼兒園、各種才藝班、小中學、大學、出國留學。所以這個過程要持續至少二十年。只有為子女儲蓄必要的教育基金，才會獲得財務上面的安全感，進而增大在子女其他方面的支出。通過大數據挖掘，作為銀行的理財經理們在接觸過大量的這

類客戶後可以發現，這類人在為子女消費時會有大量的盲目消費產生，同時這也是大多數家庭的通病，所以在家庭生命周期的形成期，儘量的避免這種為子女盲目消費，可以在家庭成熟期時讓自己的資產達到更高的高度。

 二、購房型

這類人的投資方式主要是通過房產交易來實現，隨著房地產市場迎來了高速發展的投資契機。雖然說全民炒房比較誇張，但是對於房屋價格的上漲大家有目共睹，老百姓們都在關注房價。這樣就造成了固定資產的變現能力不強這一經濟規律，在狂熱的樓市中並沒有體現出來。所以對於購房型的投資人，這些年來通過銀行貸款來為房產投資增加槓桿，所以個人整體財富增加迅速。由於房屋有貸款槓桿特性，在家庭理財方面可視為存錢概念，資產配置的一環。

✔ 三、先享受型

　　如果非要給先享受型的理財人加上一個理財目標的話，那只能是當前消費了。這類人秉承的思想是有錢先消費，有的人甚至於通過在銀行申請信用卡過度消費。我不能否定這種理財模式，畢竟消費可以拉動內需，為GDP的增長做出貢獻。但是由於享受型的特點，這類人很難完成原始資本的積累，所以也就無緣學習更多的理財知識來應用到自己的生活中。對於此類人，我建議即使再享樂也要為自己今後老了著想，政府的勞保要好好利用，保障自己未來生活。

✔ 四、後享受型

後享受型與先享受型正好相反，這類人不喜歡主動的去消費，而是喜歡存錢，儲蓄率非常高。這類理財型人的理財最終目標是退休規劃。呵呵。目標很遠。後享受型人，通過長期每個月為自己制定消費計劃，逐漸進行原始資本積累。首先要達到的目標就是財務安全，即當月的勞務性收入覆蓋當月支出並有結餘。當達到財務安全後，隨著財富的增加，最終向財務自由的目標努力，財務自由了當然就是退休了。在這個過程中為了追求更大的投資回報率，後享受人會不斷尋找更高收益的投資標的。當然投資標的收益的高低很大一部分也取決於投資本金的大小。除此以外，後享受型人，在積累投資經驗過程中可能會將自己的資產分配到不同的投資領域，如：固定收益產品、債券型產品、大宗商品、股市，甚至於金融衍生品市場。這些投資領域需要一些專業知識做支撐，對於投資有濃厚興趣的後享受型人會主動深入學習投資知識。當然目的還是自己的最終目標即退休規劃。

每個人的理財價值觀不同，但都有同一個相同的源頭，就是要把理財理好，才好確實照著自己的理財價值觀前進

1-3-5

「時間花在那裡　成就就在那裡」

在Zen大的文章指出活在世界上，可供自己支配的主要有時間和金錢兩大項，我們花費時間與金錢來建構自己的生活，累積自己的專業，成就自己的事業。

《富爸爸、窮爸爸》系列筆者羅伯‧清崎認為，評判金錢使用方式的好壞在於是否能夠「再生產」，能夠在生產會比消耗殆盡來得好。為什麼很多人覺得買房比買車好，從再生產的角度來看，因為買房可以保值還能出租收錢，買車卻要攤提折舊還要養車只是花錢，因此除非工作得靠車子營生，否則對一般人來説，買房是比買車好。

　而在家庭理財方面也是如此，願不願意花時間建置一個專屬於自己的家庭理財管理系統，進而獲得美好人生，這也是個選擇，只不過，從過往歷史的經驗來看，各行各業令人尊敬的職人、達人，都是在很年輕的時候，就把大量的時間和金錢投資在自我提升，比其他人更刻苦認真而有系統的鍛鍊自己的專業能力，而非將時間和金錢花在吃喝玩樂或不知所謂的浪費上。如果想要追求屬於自己的幸福人生，投資自己，有計畫的使用寶貴的金錢和時間，會比隨便揮霍來得有機會！

「有價值的花錢，最困難」

2017年4月13日全聯總裁徐重仁説：「年輕人太會花錢。」

對於現在年輕人追求小確幸，徐重仁也看在眼裡。他認為，到機場看一看，很多都是年輕人出國旅遊，老一輩的人很少，年輕人應該要做自己能力範圍的事情，現在誘惑很多，每個人都想擁有新的手機，都想花更多錢，但在沒有這麼多錢的情況下，應該要少花一點。

市場先生在Blog中有一段話，我深有同感。

市場先生：如果一個人只能做能力範圍內的事，老覺得花錢是壞事那就很難拓展視野、提升自己，甚至這種怕花錢的觀念會害你窮一輩子！

這意思是説，如果您一直做自己能力範圍內的事情，對於這個世界所有新的事物不去學習，也不感興趣，通常學習新事物是必要花錢的，只是或多或少而己，但是如果太過於計較，因為要花錢所以停止學習新知識，短期內可能讓您覺得省到幾塊錢，中長期可能讓您大大損失到您的未來人生。這事情可謂影響重大最差的情況，就是沒有意義的把錢花掉！

但把錢存下來也不是最好的選擇，我們很多長輩會說：年輕時要多存些錢。

但實際上，「如果你無法讓手上的錢發揮價值，才只能把它存下來。」

長輩們語重心長的提出來要多存點錢，原因就是認為年輕人在一開始出社會，面對這社會的花花世界，充滿了各式各樣的誘惑，一個不小心，就容易把錢都花光光，而在出社會後，有了一點工作經驗，就會開始思考存錢的必要性。

故長輩們就把結論說在前面，年輕時要多存些錢，但這不代表要一直在存錢，如果存錢的目的都不清楚，就是一直存錢，這樣反而容易落入價值的陷阱中。

這意思不是說存錢不好，第一桶金的本金累積非常重要，而是說把錢存下來，就是要使用，不是沒有意義的放在銀行，換另一個方式來說。

如果錢一直放在銀行內，並沒有把錢的價值發揮出來，那等同把錢存下來是沒價值的，也就是這筆錢根本沒有對你產生任何價值！

「投資就是今天把錢花出去，
明天賺更多回來」。——巴菲特

事實上，如果能用1塊錢發揮5塊錢的效果，你可以向銀行借貸，甚至會有許多人捧著錢希望能投資你，只因你能讓這些錢變得更有價值。

但難道賺錢不重要嗎？賺錢當然重要，在人生的旅途上，為維持生活所需之下，賺錢就是一條必要之路。

而長輩們惇惇教導年輕時要多存些錢，也很重要，但如果一昧的只思考著如何多存錢，容易陷入只有存錢的選項內，卻忘了

存錢的目的為何，如何創造出錢的價值，這也是很可惜的。

很多人以為賺錢可以創造價值。

很多人也認為存錢就能確保富足人生。

事實上完全搞錯了——是花錢才能得到價值！

上班領到薪水的當下，你得到的是錢，而這筆錢真正的價值，取決重點下在於你怎麼花它。

檢視一下您自己最近幾次『有價值』的花錢，是在什麼時候？

回想起來，平常一些生活開支，都不算很大的花費，你真正覺得「有意義」的花費，也許想到的是一些旅遊、進修、冒險或買一些必要的東西。

花費的金額大小不是重點，而是數年後回想起，你仍會覺得這是一筆有價值的花費。

很多人以為 投資是在賺錢，其實投資是在花錢！

● 「投資就是今天把錢花出去，明天賺更多回來。」

－ 巴菲特

很多人把投資當成賭博，在賺價差的概念而己，但是真正的投資，其實是像企業家一樣思考。

對企業家來說，有價值的「花費」稱為「成本」，沒價值的是「浪費」。

每一個企業家，無時無刻都在思索著，如何讓自己手上的錢和資源能「花」得更有價值。

企業在營運時，請了許多的員工、購買許多的機具與資產及原物料，看起來無時無刻都在花錢，每天都燒掉數十萬、幾百萬元。

但是這些成本，卻能幫企業在未來持續地創造收益。

檢視一下你自己，你在自己身上，投入了多少「成本」？在這世界上每一個人都和企業一樣，沒有不同。當你花的錢越有價值，這些花費未來都會為自己創造更多價值！

在我們認知到，花錢的重要性之後，花有意義的錢遠比沒意義的賺錢存錢對我們的人生旅途有幫助太多太多了

那什麼是有意義的錢呢？

筆者認為有以下二種：

1. 健康的錢

2. 投資自己的錢

省掉健康，除了會讓自己會不舒服外，事情也不能好好完成，甚至以後會賠上醫藥費。

省掉投資自己，讓自己無法跳脫工作人生，以後則是賠上人生的時間。

我很同意以下這句話。

● **如果錢花得值得，花太多不見得是錯的。**

● **如果錢花得浪費，花的少也不見得是對的。**

「避免理財陷阱」

這本書（Elizabeth Warren-The Two Income Trap：Why Middle-Class Mothers and Fathers Are Going Broke）指出了信用世界的問題。很生動地說明了雙薪家庭的理財陷阱，雖然她不願意指出有些人可以躲過這個陷阱的原因，是因為他們比較聰明，且有財務紀律，反而認為指責債務人過度消費是很殘酷的事。

雙薪家庭由於收入增加，於是認為自己有能力負擔更好的房子、車子、子女教育、醫療，否則幹嘛要多一個人去工作呢？當越多人出去工作，家庭收入越高，越多家庭想買一棟更好學區的房子，同樣的雙薪家庭一起競逐類似的中產階級生活，越多競爭越推高了房價。但是由於每月支出提高，但是從一個人工作變成兩個人都工作，一個家庭中兩人之一失業的機率，比只有一個人工作時，增加了一倍，這也就是雙薪家庭比單薪家庭更容易陷入財務危機的原因，稍有不幸就會破產。筆者稱之為雙薪家庭的理財陷阱（Two Income Trap）。

舉例來說，當您單薪家庭時淨值0元，收入3萬元，你的支出預算應該是最好是1.5萬，當你們多一人工作，成為雙薪家庭月收入合計6萬時，支出預算應該還是1.5萬，儲蓄大幅增加，等你累積到100萬淨值時，你一年可以支出才可以增加，最多可以多花5萬，也就是一年支出預算由1.5萬X12＝18萬，上限增加到1.5萬X12＋100萬X5%＝23萬。這樣比較不會落入雙薪家庭的理財陷阱(Two Income Trap)。

1-3-9

「結語」

　　理財基本觀念非常重要，不要陷入什麼一定是對，什麼一定是錯的循環中，在理財的過程中，或許各位讀者現在正在歷經賺錢階段，也可能正在努力存錢階段，更有已經在花錢階段。

　　本書只是提出最後一段的路程供讀者思考。

　　回到原點，一開始賺錢存錢目標是什麼，這個才是重點中的重點，就算是買一間房屋也好，想要享受美食也好，想要環遊世界也好，都是一個很好的開始。

　　希望讀者在努力理財的當下，莫忘初衷。

MEMO

第 4 節
前言緣起

「談談開源與節流及兒童理財教育的重要」

「開源」與「節流」這兩個詞，最早出自戰國時期著名的思想家荀子的《國富篇》：「故明主必謹養其和，節其流，開其源，兩時斟酌焉，潢然使天下必有餘，而上不憂不足。」意思是說要讓國家富強，就得增加收入，節省開支。對於國家來說是這樣，對於家庭來說，就更是如此了。

那麼，在家庭理財上，如何在家庭理財及兒童理財教育做到開源與節流呢？在這一點上，華人首富李嘉誠先生已經給我們做出一個標竿。

李嘉誠在自己的兩個兒子李澤巨、李澤楷還很小的時候，就開始有意培養他們獨立的個性，並沒有因家庭富裕的條件而放縱他們。且經常告訴他們，自己當年創業時，就像在岩石夾縫中生長起來的小樹，所以希望他們也能自強自立，獨立面對各種困境。

後來，李澤巨、李澤楷在美國上大學時，李嘉誠又鼓勵他們在學打工。大學畢業後，兄弟二人本想回到李嘉誠的公司發展，但李嘉誠斷然拒絕了他們。於是，李澤巨和李澤楷只好到加拿大去打拚，並克服了重重困難。最後，這兩個孩子終於自立門戶，

一個創辦了一家房地產公司，另一個則成為多倫多銀行最年輕的合夥人。

從李嘉誠先生教育兩個兒子的故事中，我們不難看出：培養孩子的創造精神與節儉觀念，與家庭是否有錢無關。從表面上看，讓孩子打工，為了讓他們懂得工作的成果，實際上更是為他們今後走向社會打下堅實的基礎。所以，讓孩子付出勞力，實際上就是讓孩子在不知不覺中學會開源與節流。

美國近代史上最著名的金融巨頭約翰·皮爾龐特·摩，當年靠賣雞蛋和開雜貨店起家，最終成為世界級的大富豪。但是，老摩根很明白，守業比創業更難。要使自己所創立的基業長青，僅僅靠自己是不夠的，還要靠下一代去努力。於是，在他的孩子們還很小的時候，老摩根就開始對他們進行理財教育。而他對孩子的理財教育就是從開源入手的。在孩子還很小的時候，老摩根就鼓勵他們自己賺錢，孩子們為了得到父親更多的獎勵，都搶著去做家事，而且都表現得很出色。這樣一來，最小的兒子湯馬斯因為齡小，經常沒有家事可做，收入相對少一些，於是他只好把少得可憐的錢省下來，捨不得買自己喜歡的東西。這時，老摩根語重心長的對他說：「你用不著在用錢方面節省，而應該想怎麼才能多賺些錢！」小湯馬斯聽了父親的話後，深受啟發，並想出了很多工作的點子，最後他存的錢也漸漸多了起來。後來，湯馬斯長大後，曾經感慨地說：「在理財中，開源永遠比節流更重要，因為開源是主動理財，而節流則是被動理財。」

的確是這樣，因為開源，才有財可理；因為節流，才談得上理財。記得有人曾經過說：「一個擁有100萬的人，並不能稱為『百萬富翁』，充其量只是個『存款額』很高的人。只有將那100萬進行連續投資，使100萬再增值100萬，才能成為真正的『百萬富翁』。」所以，父母在教孩子理財時：首先要教孩子賺錢的方法，這樣孩子才有可以理的財；同時要讓孩子學會節省，也就是學會如何去花錢，否則如果賺多少花多少的話，同樣也無財可理。

1-4-2

「家庭金錢的流向的掌握」

要將家庭理財做好

開頭的第一步，就是透過記帳

記帳説起來簡單，但是做起來卻有些困難度。

你可以很輕鬆的上網搜尋到很多免費的電子記帳軟體或是手機記帳APP來使用，但是一打開這類軟體，密密麻麻的數字欄位，相信很多人都會望之卻步，更不要説可以持之以恆的，去做這樣子瑣碎的記帳的動作了。

你可以很簡單的對你周遭的人做一個調查：

有多少人有記帳的習慣？

開始記帳後有多少人能持續下去？

相信這個比例都相當的低。問題出在那裡？

記帳對於家庭理財是有必要的，多數人也都知道應該要記帳。

「家庭理財，記帳最重要」而我們卻沒有在記帳！

那為什麼有記帳習慣的人那麼少？問題就在於……

1. 記帳目的：

不是只有記錄數字而已，而是在做家庭理財。

記帳如果只是每天把數字記錄下來，你可以很清楚知道你每一筆錢用到那裡去了，但是只有清楚家庭金錢的流向是不夠的，必須要讓它跟你的家庭理財目標可以掛勾起來，記帳才有它的意義存在。

因為清楚了金錢流向，你就可以就金額的大小比例做序管控、比例分配，讓更多的財務資源用來完成家庭理財目。

記帳只是完成家庭理財目標的一個階段性的動作，從記帳—收支控管—支出比例分配—儲蓄與投資—完成財務目標—建立自己家庭理財管理系統，這些程序是一個非常具有邏輯性的過程，你要能把它整體串聯起來才能真正發揮出它的效果。

2. 記帳重點：

不是鉅細靡遺，而是建立家庭理財管理系統

記帳到底應該記多久？如果你都沒有記帳的習慣，你可能就不清楚自己每月支出的流向，不知道錢到底都花到那裡去了變成月光族，甚至於負債。如果是這樣子，我們會建議一開始至少記帳 3 個月，把自己的家庭理財管理系統建立起來，一旦你已經知道了每月及年度各項收入支出的比例，你就可以開始做支出比例的分配。

只要你建立了一個這樣的家庭理財管理系統，讓它可以持續的運作下去，剩下的就是如何做投資管理，及財務目標進度的追蹤管理。

1-4-3 如何用企管的財務方法應用在家庭理財上

1-4-3-1

「家庭理財損益表（對照於企業的損益表）」

● 損益表是揭露公司於一段期間內，經營績效與盈虧損益的報表，它主要可以看到企業因主要營業項目所發生之營業利潤，另外還有因非營業行為所發生之收入與支出內容。

● 在家庭理財損益表內，以年度總收入減掉年度支出，可以得出家庭理財損益表。以年度或月份為單位，整理出一份報表，對個人與家庭會有很大的幫助，因為它會提供一個角度，讓你檢視個人／家庭整體的財務，以做為是否需要做調整的參考。

很重要的一個觀念是：先把用來做計劃儲蓄或投資的錢，在每月提撥出來後，再做其他的花費。

想要能夠存錢來達成你的財務目標，原則就是要有計劃的花錢，除了固定的支出外，應該先存下計劃儲蓄與投資的錢，再安排其他的花費，如：購買非生活必需品、吃大餐享受等，而不是順其自然，等到花完有剩的錢才來做儲蓄，這是很難存的到錢的。

▼ 家庭理財資產損益表

	計畫儲蓄
工作收入	生活費
	保險費
投資收入	孝親費
	負債攤還
其他收入	其他費用
結餘數	

1-4-3 如何用企管的財務方法應用在家庭理財上

1-4-3-2

家庭理財資產負債表（對照於企業的資產負債表）

　　企業的資產負債表也稱為財務狀況表，它是一份記錄公司在特定日期之資金來源與去向的報表，屬於「存量」性質的報表。資產負債表的用途是可以瞭解公司的週轉空間、債務壓力、資產結構、資產品質等。

　　家庭理財資產負債表，可以看到所擁有的資產結構，如：

　　1. 資產項目——分為生息資產以能創造出其他收入可能性均包含其中，包括現金、動產、不動產、投資資產等項目。

　　2. 負債項目——分為消費負債及暫用負債兩類，大致分為信用卡、信用貸款、房屋貸款等項目。

▼ 家庭理財資產負債表

生息資產	消費負債
	暫用負債
淨值	

第 2 章

家庭理財
規劃執行

第 1 節
整理生活

環境與物品正是我們內心的投影，整理環境與物品等於整理我們的心。

2-1-1

「為何要整理生活」

在權奶奶的文章中，東西少一點，更幸福！一文中指出，為了讓自己生活得更舒適、每天都過得輕鬆自在，最需要的便是「整理」。

你是否曾經有過一口氣將東西全部整理完畢，結果過沒多久，整理乾乾淨淨的地方，逐漸地開始凌亂不堪呢？其實整理得乾乾淨淨之後，還能繼續保持整潔，這才叫做「整理」。

整理，是為了方便下次使用。光是看起來乾淨整潔，並不是整理。乍看之下收納得井然有序，卻只是把所有東西往裡面塞，當然很快就會亂七八糟。

所謂的收納，就是指有個固定收納的場所，並且將物品反覆從同一個地方拿出來、放回去，這種整理方式，這才叫做「整理」。

　　要以輕鬆自在目標，平常始終謹記著「捨棄不要的物品」，但是一開始，還是很難做到。就算是好多年沒使用的物品，也一直認為「要用的時候就能派上用場」。

　　然而，當難以丟棄的物品愈來愈多，我不禁心想，這並不是「愛惜物品」，只不過是對物品的執著心，而「難以捨棄」吧？

　　不需要堆積如山的物品，生活愈簡單愈好；只要擁有些許，也能過得無比享受。例如衣服，只要一想到「想穿那一件」時，馬上就可以拿出來穿。因為衣服愈少，愈容易管理。請試著減少既有的物品，扔掉不需要的東西，不要被物品壓垮，捨棄對物品的執著心，讓自己活得更自在吧。

　　自己的人生一路走來，總是會有想要保存下來的物品吧？物盡其用，才是物品的價值所在。因此，必須好好認清自己真正需要的是什麼。

　　只要能認清楚自己真正需要什麼，很多物品在你的眼中，其實只代表這只是一個臨時用的，或是這件物品是每天都用的到的，只要利用這個方式判別，很容易的就能把需要及想要界定出來。

「生活的基本定義」

　　生活的意義，就是在食衣住行育樂中度過，我們每一天都在過生活，這是不用懷疑的，但是，這個生活過的如何，這可就每個人都不同了，我有一個朋友，身價超過億元，應該是無憂無慮了吧，實際上，因為他年紀已大，以前花非常多時間在賺錢，現在得到了無可救藥的絕症，身體健康出了大問題，而這個讓人非常現羨慕的上億身價相對他現在的絕症，反而顯得身體健康的可貴；恰恰相反，另一位朋友每日住在老舊的房子內，屋子內也無什麼貴重物品，就是一般基本的配備，電視、電風扇、微波爐、冰箱等等這種很普遍的東西，而且沒有冷氣喔，收入就是一個30K（註：30K是指30,000）以下水準，雖然沒有很多的錢供他使用，但他身體非常健康，心情常常愉悅，他最近期在林口長庚醫院做的健康檢查報告（他每年做）都沒有紅字，顯示他的健康程度多好，所以，並不是說有錢一定就是好，沒錢就一定不好，重點是有沒有好好關心自己，關心自己的生活，讓自己生活的更好，這個心態才是最重要的。

「家庭生活的類型」

那我們在家庭生活中,到底有什麼東西是和理財有關係的環節呢?

這個問題其實不難回答,因為舉凡食衣住行育樂,每一項東西都和我們生活息息相關。

我們針對食衣住行育樂每一個都來做基本說明:

在家庭生活中,食的部份基本上就分為外食及自己煮及混合型三類。

外食指的是買外面的食物,不管是你家附近巷口的魯肉飯、黑白切或是在高檔餐廳所吃高檔美食,都是包含在外食的範圍中。

自己煮就相當容易理解了,一般是指在自己家中開伙,家中伙食都是自己家人包辦的,我有個同學,是在家裡當家庭主婦,

就是自己出去從食物的源頭開始挑選，自己跑去附近的菜市場，自己選購今天要下廚的食材，回家後自己處理買回來的食材，如買回來是魚就要去鱗，接著是決定要如何煮的方式，例如選擇炒、蒸、炸等，接著就是如何煮的流程，中間有加多少量的糖或油等，接著試吃自己的菜，嚐嚐看這菜的味道自己覺得是否符合自己標準，最後要用什麼方式呈現這一道美味的食物，從食物的源頭，到最後食物的呈現，自己一手掌握，這是自己煮的方式。

混合型這是目前大家相當普遍的做法，就是外食及自己煮都會有，例如說自己煮白飯，而菜的部份是買自助餐的菜來搭配，或是家中有菜，只要去買個白飯就好。

衣

衣的部份為：上班服及休閒服裝。

在家庭生活中，衣的部份基本上分為兩類，上班服及休閒服裝。

上班服指的是上班時所需著裝的服裝，這就和您所從事行業有關係，如果是在銀行工作的話，就需要穿較為正式的服裝，男性通常較簡單就是穿制式西裝為主，女性則是有制式套裝，當然，這因應工作性質不同，會有不同方式的穿著，

有些是公司規定的制式服裝，這種上班服就比較不需要為服裝傷腦筋。

休閒服裝指的是平常在家生活所穿服裝，基本上我們走出去外面，所見90%以上都是此等穿著，牛仔褲、輕便上衣、有領上衣、圓領上衣等，很普遍存在我們生活中。

住的部份為：租屋或買屋或混合。

你現在住的房子是租的還是買的呢？

租屋和買房的選擇對年輕人來說一直是一個痛，租屋每個月都要付出租金給房東，而買屋則是每個月付錢給銀行，這兩件事情有大的不同點，就是租屋是幫房東繳房貸，而買屋則是自己繳房貸，聽起來，買屋自己繳房貸似乎比較好對吧，但這是要有前提的，買屋一開始要付一筆頭期款，你可能會問，什麼是頭期款，這讓筆者來回答，通常在買房時，因為一般人不會有幾百萬的現金在手上買屋，就會向銀行借錢，而銀行因為受金管會及銀行內部的規定，會要求買屋借錢的借款人，要拿出手上自己的錢來當作一開始付款的基本數字。

這個我舉一生活橘報在2015年的專題報導的報導來說明

無殼蝸牛最想問：買房子要準備多少頭期款才夠？

其實買房最大的問題不在意願，最大的困難應該還是在「錢」，這個時候大家也更能體認錢非萬能，沒有錢卻萬萬不

能！也難怪無殼蝸牛得走上街頭，希望房價不要再漲，讓成家的夢想可以不要這麼遙遠。然而，房價再怎麼跌，錢還是購屋的第一個關卡，那麼你具備購屋的第一個要件嗎？

領死薪水的上班族，財力有限是事實，偏偏沒有個一兩百萬的頭期款，這個購屋計畫似乎也執行不下去，除非入職場選對了有「錢途」的好工作，或是不小心有樂透或發票中獎的偏財運，要不就是娶到了賢妻或嫁到好老公，否則要自食其力真不是件容易的事，多多少少就要「靠爸靠媽」一下，當然這裡指的不是找父母抱怨，而是借重父母的財力支持，快一點越過購屋的第一個門檻。

台灣房屋智庫針對全台有房者進行「首購族購屋術」網路問卷，調查中顯示，能成功買下人生第一棟房子的人，有 44.92% 平均首購總價在500萬元以下。觀察首購族購屋資金是否受到父母資助，除 25.42% 全由自己購買，18.64% 和配偶合購，其餘 55.94% 都得靠父母長輩幫忙，包括父母/長輩補助或暫借部分（34.75%）、全部繼承遺產/祖產（11.02%），或父母／長輩贈與部分或全額（10.17%），而父母協助的金額占總價的比例平均為 19.41%。

而尚未購屋者，針對未來計畫買房的準首購族，除了 42.34% 表達要自行購買，35.14% 還是希望父母可以資助，期待資助比例平均為 18.83%。換句話說，在房價漲得比薪水還快的年代，要累積購屋的第一桶金，有超過一半的首購族是靠父母長輩金援，近兩成是靠另外一半。尤其不少上班族大多離鄉工作，年輕人成家後也希望不與父母同住，但薪水凍漲，存自備款成了一大考驗，沒有助力

還真跨不出那一步。

舉例來說，若要買800萬的房子，若可貸款八成，兩成自備款至少要160萬 ，再加上裝潢支出，至少預備200萬的積蓄，就算百萬收入的雙薪家庭，依循健康財務管理，收入的三分之一拿來儲蓄，大約要 6、7 年才能買房。最常見的是父母先提供兩成自備款，或者是向爸媽借部分資金，子女再慢慢以低利還款。

購屋勿求一步到位，若只看蛋黃區高價位物件，恐怕只能望屋興嘆。新聞報導最喜歡告訴大家，在台北市想買房，得15年不吃不喝才做得到，光聽到這點，我想很多年輕人直接就打退堂鼓，直接把想存下來的錢，拿去買iPhone，或是跟朋友去唱歌喝酒澆愁，這麼一來，買屋夢也就越來越遠。其實建議首購族，對買房這件事情還是要有點信心， 成功買屋術秉持「三不一要」，不求大、不求近、不求新 ，但要掌握「能增值」的原則，才有機會順利圓夢。

在這篇新聞報導所言，在頭期款部份，銀行是會看借款人的基本條件，如果你是千大企業中工作，或是銀行、醫生、會計師等行業，就可以拿到較高的貸款成數或是較低利率，但如果你是在一般中小企業服務，基本上相較於千大企業等借款成數及利率就會比較差一點。

地區別也會影響貸款成數的重大差異，今天如果買的地區在台北或是各縣市的精華地帶，銀行就會給予比較高的貸款成數。

當地銀行優於外地銀行，這個也很重要，因為當地銀行對於在地行情較為了解，比較容易給高貸款成數，而外地銀行則因為

對於你買的這個屋域不熟悉，相較於當地銀行，會比較不敢貸給你較高成數金額。

以上這些因素種種考量，都和頭期款有著息息相關，依上面這個報導來說，要買800萬房子，若可貸款八成，通常是要在較大企業上班或是有專業證照如會計師、律師等，貸款八成機會較大。

那你可能會想，我又沒有富爸爸，只能先租屋，未來房市如果落底，再買屋就好。

那我們就談談租屋的情況。

在崔媽媽基金會在2017年的報導：

低薪生活負擔大　租屋選擇也要精打細算。

日前，主計總處公布7月全台消費者物價房租類指數連31個月創新高的數據，反映了低薪資、高物價，連租屋預算也是越來越高的趨勢。在整體大環境不佳、經濟吃緊的條件下，崔媽媽建議租屋族對於租金預算的分配及評估，還是盡可能設定在不超過收入的1/3，養成量入為出的正確理財觀念。

長年來關注租屋市場的崔媽媽基金會，提供了以下幾項租屋時考量評估的省錢秘訣，供單身青年或是小夫妻的租屋族群參考。

1、　三五好友合租，居住空間大效益也較高。

上班族可以考慮與同事朋友合租，整層住家在租金預算上會

比獨立套房來得划算。以月收3萬的上班族來說，2～3人合租，住宅空間較大，設備及生活機能也較強，住家有廚房還能減少外食開銷，與朋友平均分攤下來租金會比單身租住獨立套房來得便宜（租金可以從收入的1/3降成1/5或1/6）。

2、以時間換取空間，也能省下不少預算。

若是較注重隱私的人，租屋時選擇自己租住獨立套房也許較為合宜，但是這樣的選擇租金負擔相對的也會較大，所以崔媽媽建議這樣的租屋族也許可以選擇大眾運輸工具或騎車可達的蛋白區，租金就會比黃金地段的市中心來得划算。

以月收3萬的上班族來說，選擇交通便利的市中心或捷運步行五分鐘內的地區獨套，租金負擔很可能就超過月收1/3的比例，但相對的選在步行15分鐘可達公車站或捷運站的房子，租金約莫可省下2～3千元，且控制在1/3的比例中。

3、雙薪家庭租屋可善用政府補貼資源

新婚夫妻與單身者的租住選擇差異，在於夫妻兩人是雙薪與否，以及人生下一階段是否有育兒的考量。夫妻雙薪的收入較高，在租屋選擇上就能考慮空間較大的住宅，通常整層住家的租金也較小坪數套房划算，從租金支出中省下來的預算，則可考慮儲蓄（育兒基金）或投資（未來購屋資金）。

雙薪家庭在租屋區位的考量上，也可能要評估夫妻兩人的

工作地點與住家的距離及交通方式，盡量選擇倆人都合宜的中間點較佳，而選擇舊公寓在租金上也會比租電梯大樓低上許多。另外，政府在租屋政策中有針對青年家戶的安心成家方案（補貼購屋）及家戶的租金補貼，這些資源也是夫妻家戶可以降低租金負擔的選擇。

想租住什麼條件的房子是個人生活的選擇，崔媽媽認為，整體租金支出佔收入不宜超過1/3的比例，其他2/3則是生活的各種支出：有未來夢想規劃的可能選擇省吃儉用存錢，追求當下生活品質的可能選擇旅行或充實自我，再精打細算些的則是能從1/3租金中再省下一點錢，但這可能就得犧牲一點居住品質，選擇租金便宜的分租套雅房了。

但多數人每天約有至少1/3時間是在家休息的，崔媽媽也希望大家不要過度犧牲而擠壓居住品質，像日前陽台雅房出租的案例，就不是個適宜的居住選擇。

行

行的部份為：走路、搭捷運、火車、坐公車、騎腳踏車、機車、汽車、船、飛機、混合。

你在台北上班嗎？家庭理財與行非常相關，每一個決策都代表你花費的金錢。

當然走路是最不用花錢的，但是這個會花你的時間，如果因

為走路去把自己的體力耗盡，最後生病反而得不償失，而搭捷運似乎是很不錯的方式，月台乾淨，但是禁食，金錢花費的話中等火車也與捷運近似，但月台不清潔，可以吃東西，金錢花費的話較少。

坐公車則要注意每一班公車的時刻表，所幸在這個資訊發達的時代，有相對應的APP可以幫助你快速找到所要去的地方的公車。

騎腳踏車也不錯，目前台北、桃園等全國縣市，都在建置UBIKE，OBIKE等腳踏車租借系統，這個可以讓大家不用花大錢就可以代步，但這個缺點是距離不能太遠，且還車的地方還在擴點中，如果是在鬧區，或許還算方便，但是如果是在較偏遠的地方，這個方式就可能不太合適。

機車是目前大家使用最普遍的方式，機車目前有分為吃汽油及電動機車，在目前2017年還是吃燃油機車的是主流車種，電動機車陸續在推展中，但是因為電動機車電池充電不容易，所以大家還是望之卻步。

開車這個可以說是有薪階級常用工具，車的種類很多，在家庭的組成成份中，如果家中有生小孩，基本上需要有一輛車，主要是因為要保護小孩的安全考量，加上全家如果要出遊，沒有一輛車是很不方便的。

當然，你可以說，我也可以帶小孩搭公車，騎車去玩就好了啊，這樣說筆者並不反對，只是當小孩還在0～2歲時，把小孩用背巾背著騎車或搭公車去外面，因為小孩年紀還小，身體都還沒

有發育完成，把小孩帶出去在公眾的地方與各式環境接觸，小孩是很容易生病的，輕則感冒還好，重則如引發發燒等嚴重事情，還要帶去大醫院看小兒科，整天擔心不停的。此時就應該好好思考，我們家裏是否需要好好選購一輛適合的車。

育的部分為：文化、教導。

對於小孩的文化教育及學習教導是我們在組織家庭時，必要考量的一部份。在美國研究指出，某些地方的美國人，一旦知道自己肚子內的小孩是男性時，媽媽就會開始穿著男性服裝，讓小孩一開始就知道性別的差異。

而在懷孕一開始，也有媽媽相當注重胎教，每日固定一個時間聽貝多芬、莫札特音樂，就是希望能讓寶寶能在好的環境薰陶下成長。

而在小孩越大越大時，對於教育文化部份所注重的層面也會不同，在幼兒園階段就會開始讓小孩開始上一些才藝課輔班，到小學、國中、高中開始針對學校課業，因應各項學科才藝進行加強輔導，還有把小孩的行程全都排的滿滿的，主要是為小孩未來做準備，而這些行為這對於家庭理財有著莫大的關係。

樂

樂的部份為：休閒及娛樂，因應自己興趣所產生的活動。

在每日辛苦工作後，總是要有一些東西來犒賞自己吧，或許是為了發洩情緒，去參加體能訓練，吃大餐，或是買一台IPHONE讓自己開心一點。總而言之，就是在工作之餘，要找到自己休息，同時與自己對談的時間，靜下心來，對自己身心靈好好調養修息，以健康的心態面對下一個挑戰。

其他

其他部分為：發票、密碼、每日處理事項。

我們在生活中，其實有一些是綜合事項，指的是對於以上食衣住行育樂都有相關的，例如發票，在我們生活中都會拿到發票，也會就發票進行對獎，這個發票對獎發明可說台灣財政部在世界的創舉，因此，發票整理可以對獎取得金錢，與家庭理財相當有關。

另外，在這個電子時代，到那裡都要有帳號、密碼，登錄銀行要，記名悠遊卡要，和政府機關打交道自然人憑證也要，更不用說我們現在人人一支智慧型手機，網路社群的連繫Facebook、Line、Google，各種電子email信箱，各種網路購物（奇摩、

PCHOME、露天、MOMO）等，一堆一堆的密碼都在等著挑戰你的記憶，這些密碼，雖不是直接和家庭理財相關，但是有著間接性的影響。

今天要做那些事情呢？一堆事情好像要做，但又一直做不完，到底如何才會做完啊，其實這件事情需要一些東西來管理好你的生活，如果生活沒有一個屬於自己的邏輯，這樣生活就會一直面臨著一堆事情要做，但又不知道如何下手，一但覺得算了，不想理了，你的生活就處理混亂狀況，這會導致你辛苦建立的家庭理財系統，事倍功半，非常可惜。

第 2-1-4 小節
如何整理家庭生活

2-1-4-1

「整理的方法」

整理的方法

基本上整理就是你面對未知的一堆東西，如何才能讓你快速了解你所需要的東西放在那裡，整理的方法基本上分為 **4** 大流程。

1、盤點

盤點就是把要整理的東西全部都清出來，或許您會覺得這種事情有什麼好提的，我所要強調的重點是，不只是整理東西或是實體的物質而己，我認為有很大部分，是要整理自己的心，怎麼說呢？

試著想想，為何要整理家庭生活，因為是想要把生活變有有規律，變的整齊整潔對吧，但是，凡事怎麼都不如人意呢?怎麼東西怎麼又放在這邊，又沒歸位，這些所顯示出來的結果，起源就是我們自己沒有做好準備，什麼準備？

要好好決定盤點的精神層面的準備，而這個部份，卻是影響

您整理生活的最重大因素之一。

是否時常都遇到一個情況呢？好不容易整理好的東西，卻有莫名奇妙的找不到了，想破腦袋還是不知道到底跑到那去，更多的情況是，臨時要找都找不到。

這時就開始會安慰自己，算了，到時就會跑出來，不用急著自己找。但現在就是需要這件東西啊，只好快點外出把這個東西買齊，也就這麼正好在把這臨時的事情處理完成後，這件消失的物品，又莫名奇妙的出現了，著實令人氣惱。

而在多次的經驗下，筆者開始發現，其實不是東西很亂，是我們自己的心很亂，故在這個整理方法的章節，首要之務就是把自己的心做好調整，一個個歸類，規劃一下預計方法，同時也要給自己加油。

● 沒錯，你絕對可以辦到的

2、決定需要或想要

在盤點完心情及物品後，接下來就是對物品進行決定，什麼樣決定呢，就是問問你自己，這件東西是需要還是想要，我們常常會陷入一個陷阱。

2.1、這東西還用的到啊

這東西還用的到啊，留下來好了，從此以後，這個物品就從

來沒有使用過了。

或許這東西未來用的到，但因為有這個這東西還用得到的心態，常常讓空間塞滿，不久又需重新拿起來再整理一遍，反而更增加麻煩。

2.2、只拿必要的東西

由於現在生活方便，大多數人都是外食，我也不例外，常常會遇到一種情況。

老闆娘把便當包好後，把竹筷，塑膠湯匙，就隨附到便當袋內，而把外帶的便當帶回家後，內心總是會想起專家想說話，使用家中的鐵製品筷子或陶瓷湯匙，對自己身體健康來說，會比較竹筷，塑膠湯匙好的多。也因此，就面臨到了要把竹筷，塑膠湯匙留或不留的抉擇，不用想，就直接丟棄了吧，在家裡還是用家中的碗筷比外面方便為主的器具好太多了。

再讓我們深一層去思考，那我下次就不要向便當店拿這些用具就好了。

自然也不用面臨要丟棄的問題，反而是在更之前就把這問題解決了。

2.3、設定保存時間

那你可能會問，這也太浪費了吧，不要就丟，實在無法接

受。我在家庭中，也常常遇到這種問題，農會抽獎抽到一個電子鍋，真是LUCKY，暫時用不到，就先放在儲物櫃吧，結果，也因為東西一直堆積，把農會抽到的電子鍋也就一直在儲物櫃的位置一直擺在最後面，結果，完全忘了這東西存在。直到有一天，年終大掃除，唉啊，怎麼有一台電子鍋，是十年前農會抽到的，而這東西擺在儲物櫃十年如一日，占住空間，我認為這才是真正的浪費，東西如果是常使用，反而是有價值，但如果只是放在那堆積，而不使用，這個浪費可謂不小。

2.4、定量控制物品數量

在家中常常會有衣服及書籍存放，事實上我們常常使用的就是那些物品，不管是放在衣櫥、書櫃，或是鞋櫃，都夠我們生活使用的，由此，我們書櫃、衣櫥等有固定空間量的儲藏場所，只要物品超量，就可以把舊的東西淘汰，這個定量有個好處，因為東西會舊，一直使用舊東西，總會想要有一些新東西替換，這時有一個這種機制，相對會大大減化我們生活的複雜性。

3、需要−分類整理

在把第2步進行好的時候，就會把需要的物品及想要的物品分出來了，而此時，幫需要的物品(生活上必要用)找個家就顯的非常重要。

在以下這篇文章中，提供了兩種性格的建議方法，相當實用。

對於性格嚴謹的人：

性格上喜歡嚴謹分類、整理的人，透過整理可以讓自己愉快、有成就感。也可以嘗試各種收拾方法，靈活運用收納創意，試著感受一下收納的愉悅。

但這種性格太過於追求完美，時間若不充足，很容易將事情往後拖延。這種性格的人，一旦開始整理，即使再怎麼困難，也會努力整理到讓自己滿意，但有時要求太高，又無法達到目標，就會對事情開始感到恐懼。

要知道所有的事情不可能全部完美。整理的目的在於方便使用，即使不能很俐落的整理完畢，也請盡量放鬆心情，一點一滴按部就班慢慢整理。

對於性格散漫的人：

性格散漫的人對於嚴謹分類的事情感到厭煩，但有時候會以特殊方式找出自己獨特的收納方法，屬於自由類型。

與其以整理到一塵不染為目的，將精神放在細部的收納技巧上，不如掌握整體選擇使用起來方便的整理方法。例如，在使用東西的位置上準備收納櫃，將雜物全部收納進去，雖然收納櫃內部看起來會很雜亂，但外形統一的收納櫃可以讓空間看起來較為整潔，對於散漫的人也可以長期維持整潔的狀態。

這篇文章的最後一句話，我相當認同。

● 「只有找到對自己最合適的方法，才能進行有效率的收拾！」

● 在這世上每個人都是獨立個體，也只有自己知道怎麼樣才是最適合自己的方式，找出最適合自己的方式，就是對的方法。

4、想要一(轉讓、賣掉、捐贈、扔掉)

接下來我們談談，整理出來的東西如何處理，處理的方式基本上分為4塊。

4.1、轉讓

這個通常是指送給朋友或是低價賣給朋友，相較於賣給不認識的陌生人，賣給熟識朋友，特別是常常有連絡的，這東西還具有連絡感情的功效，其實蠻實用的，而且下次如果朋友也要東西要轉讓，也自然會想到妳，可謂一舉兩得。

4.2、賣掉

在這個網路時代盛行的潮流下，APP程式大盛其道，相較於5年前電腦為主的時代，現在2017年已經是智慧型手機當道，人手一支的手機，搭配APP程式，中華電信等電信商網路吃到飽的服務，讓現在人對於手機依賴也增加不少，由此，現在很多APP都有拍賣的功能，如蝦皮拍賣，旋轉拍賣，KKTOWN等新型電商也出現在，相較於傳統電商，奇摩拍賣或是露天拍賣，新型電商收取的手續費更低，這個巨大的改變，也間接不知不覺影響我們生活。

以下為EToday.net所做的手續費，供各位讀者參考：

電子商務各拍賣比較表

	露天拍賣	奇摩拍賣	蝦皮拍賣	旋轉拍賣	KKTOWN
刊登費用	0元	0元	0元	0元	0元
成交手續費	2%依分類60元～200元	1.49%單位商品收取上限149元	0.5%單件商品收取上限50元	0元	0元
信用卡交易手續費	支付連信用卡一次付清2%	一次付清2%	1.5%	0元	0元

▲ 參考來源:東森新聞雲ETtoday.net

4.3. 捐贈 💡

東西使用不到，自然也可捐贈給公益團體，像在YAHOO有個YAHOO公益平台系統，就有各種公益可以捐贈，當然，整理出來的東西也會因為各個公益團體的需求不同，會收各種不同的東西，這個就要自己量力而為，考量一下自身財務能力。

4.4. 扔掉 💡

直接丟掉，如果是一般物品、丟家中垃圾桶，再依當地垃圾分類就可以了，但如果是一些較大型的家俱等，就要連絡各地區的清潔隊。

不管選擇那一種方式，這些行為都可以把物品移出家裡。但事實上，不論採取何種形式，如果沒有立刻付諸行動，最後還是回到老樣子。

● **總而言之，決定之後就要立即行動，這是非常重要的一點。**

「以後再做」、「明天再做」，儘管心裡這麼想，「明天」卻永遠不會到來，結果物品仍舊被擱在家中一個小角落，或是硬塞在櫥櫃裡。將物品擱置在一旁，不能算是經過整理。這種做法，根本無法改變情況。你是否也曾經一拖再拖、最後一事無成呢？

既然要做，就要馬上實行。如果沒有下一步的動作，光是想做，不會有任何改變。最重要的是腳踏實地去執行，空有夢想，也只流於做夢而已。想要實踐夢想，就得朝著夢想付諸行動。各位，加油吧！

「整理冰箱評估表」

　　乍看之下會覺得與冰箱與金錢沒有關係，但仔細想想，金錢會在冰箱中腐壞！

　　不管是例行採買，或者只是走進便利商店晃晃，回家總會想要多冰幾樣東西在冰箱。

　　可能是這個禮拜在市場買的食材，可能是打包回家的剩菜，或是買來解嘴饞的小零食……但是這些你都吃得完嗎？

　　冰箱的門一關，你的辛苦錢也被冰箱給吃掉了。

　　筆者提供個人檢核表供讀者參考。

▼ 整理冰箱評估表

項目	符合標準 (是/否)	後續調整處理情形
剩菜放置冷藏室上層後壁處	是	
麵包、饅頭、包子等如需長期保存應放置於冷凍室	是	
放冷凍室之前應分裝到保鮮袋並封好口	是	
水果、蔬菜應放在冷藏室下層的抽屜裡	是	
水果和蔬菜不能放在一起	否	用分裝盒把兩者分開
短期內食用的生肉應保存在冷藏室下層且最好是溫度更低的後壁處	是	
暫時不食用的肉類應放入冷凍層	是	
應專門隔出一層空間用來放生肉	是	
生熟肉不應混放	是	
冷凍肉類、速凍食品等拿出解凍後不要再放入冰箱二次冷凍	是	
大塊肉類切成小塊再冷凍	是	
冰鮮的魚和其他水產品應該放在冷藏室最下面的保鮮盒內	是	
剩飯別吃3天	否	要貼上記錄才知幾天
果蔬最多冷藏一週	否	要貼上記錄才知幾天
熟蛋一般只能冷藏6～7天	否	要貼上記錄才知幾天

以上這些都是為了食材的衛生，才會列的檢核表。

資料來源：作者自行整理。

2-1-4-3

「整理衣櫃評估表」

　　許多人都有衣櫃暴滿卻仍覺得沒衣服可穿的感受，其實是因為許多衣櫃中的衣物已多年未穿，或壓在下層角落而被遺忘。所以如何讓自己的衣服能夠適時出現，只要小小的整理，就能大大的空間讓自己的家能夠有更大更清潔的空間。

▼ **整理衣櫃評估表**

項目	符合標準(是/否)	後續調整處理情形
使用同一種顏色與款式的衣架	是	
衣物摺好直立放置抽屜櫃	是	
利用不要的紙捲軸就能當作襪子的收納桶	否	尋找適合的東西當收納桶，去IKEA看看
一般衣櫃的上方通常與天花板之間還有一點空間，床組以直立方式擺放在衣櫃上方	否	需要樓梯及整理一下，請老公幫忙放上去

資料來源：作者自行整理。

2-1-4-4

「整理租屋或買屋評估表」

對一般人來說，買屋是人生大事，租屋或許是目前的選擇，每位讀者現在都在考量是否要買屋或租屋的決策。

租屋好還是買屋這件事，每個人看法都不同，以筆者來說雖然有時候用投資機會成本的角度去算，也覺得租屋可能比買屋划算，可是房子是自己的，那自主性及安全感是租屋所不能取代的。而且有時候，人是需要適當的壓力，有房貸在身時，很多人會希望趕快把貸款還清反而更有動力去開源節流，但是如果是租屋？或許手頭可運用的資金更多，可是不是每個人都能善用多餘的資金，有人有錢就花光，有人投資不小心輸光，以我一個朋友為例子來說，他好幾次都是用房屋來救命的，當時他做生意失敗，被倒債一屁股，幸好朋友身上還有一間房子，還可以向銀行借款來周轉，如果那時是租屋，這一塊就沒有周轉的機會，所以筆者整理一套租屋或買屋評估表，提供讀者參考。

▼ 整理租屋或買屋評估表

項目	買屋	租屋
花小錢住大屋	敗	勝
房貸壓力，維持生活高品質	敗	勝
可配合需要，隨時換屋	敗	勝
不願投入過多裝潢而將就住	勝	敗
歸屬感	勝	敗
隨時要搬家的危機感	勝	敗
錯失購屋良機	勝	敗
繳了租金（相當於房貸）賠了房子	勝	敗
遵守房東的種種規定及限制	勝	敗

資料來源：作者自行整理。

另外，筆者針對一個朋友的個案，更細項說明究竟是買屋划算，還是賣屋划算。

這位朋友呢，家住台南永康，在南科工作是一個工程師。煩惱著是要買屋好還是賣屋好，於是他就作了一個相關的評估表，來評估他現在是否應該買屋或租屋，而由筆者來看，評估表基本上是對未來預估的一個假設，因此在評估上，除了考量數字分析上因素外，還需要考量心理上層面的因素來看（請見上表）。

讓我們談談數字分析的陷阱吧！

其實在下圖的表格中，買屋和租屋的時間性是不同的，什麼意思呢？一旦你持有房屋，這間房子就屬你在有生之年永遠持有（這是在台灣情形，大陸目前不適用），故買房子就是一次性大筆支出，接下來就是平常的維護支出，而租房子就不同了，每月所付的租金，並無法讓你能永久租，因為房屋所有權是房東的，並非租賃人名字的，這點要特別注意。

　　故在計算式中，我們可以發現租屋年齡設定，只到54.5歲，而這個我稱之為租屋，買屋評估損益兩平年齡。

▼ 租屋或買屋評估表

		方案 A 租屋		方案 B 買屋	
租屋購屋計算式	26-35	26-35 租房，公司宿舍租金 0.4 萬/月，婚後租 0.7/月		地點	屏東枋寮
				屋齡	5-15
		租屋平均/萬	0.7 萬/月	使用坪數	20-30
		共 X 個月	108	房價	240
		總租金	75.6 萬	自備頭期款(萬)	50
	36-54.5	35 小孩出生，需要更大房子 3 房為主		貨款(萬)	190
				貨款利率	2.75%
		租屋平均/萬	1 萬/月	貸款期數(月)	180
		共 X 個月	222	每月本息(萬)	1.29
		總租金	222	全部本息(萬)	232.1
	租屋總花費(萬)	297.6		自備頭期款每月(萬)	1.25
				自備頭期款時間(月)	40
				自備頭期款時間(年)	3.33
				自備頭期款期間租金(萬)	0.4
				自備頭期款期間租金總金額	16
				購屋所需總金額	298.1
租屋和購屋差異金額(萬)	0.5				
額外計算	搬家支出		地價稅		
	租屋扣抵額 12 萬/月		房貸利息最高扣除額可達 30 萬		
從 26-54.5 這 28.5 年收入	1026 萬				
收入-房屋支出	728.4 萬		727.9 萬		

資料來源：作者自行整理。

2-1-4-5

「整理交通工具評估表」

　　交通工具是我們每日生活必需品，我們日常生活所用的交通工具，大致上可以為走路、自行車、機車、轎車、捷運、公車等，這些交通工具在台灣地區而言，也會因為各縣市的發展不同，每個地方可利用資源不同而有差異，依據台灣政府在交通工具調查指出，台北市公共運輸市占率42.8％、嘉義市4.9％，及各縣市、年齡層、性別的運具使用情況，都是交通部每年9月至12月，進行民眾日常使用運具狀況調查所統計出來的，筆者無意對這些資料進行分析，只是想瞭解日常生活中，我們常常使用交通工具。

　　有走路、搭捷運、火車、坐公車、騎腳踏車、機車、汽車、船、飛機等。我們生活其實充滿著各式交通工具。如何使用交通工具，整理規劃自己的行程，可以讓整個旅程會更輕鬆自在，筆者提供一個範本，供大家在評估旅程時，有一個基礎判斷，透過這個表格整理，可以讓你在行的部份更容易選定你在日常生活的選擇。

▼ 買車與不買車的花費比較

買汽車			
車子總價	600,000	公車（年）	0
貸款總利息	0	客運（年）	0
使用年限	10	計程車（年）	0
買汽車費用小計（年）	60,000	捷運（年）	0
油錢（年）	20,000	火車（年）	0
保養、維修（年）	20,000	其他（年）	0
保險（年）	6,000		
稅金（年）	19,200		
停車費（年）＋罰金	30,000		
其他費用（改裝、過路費等）	0		
費用合計	95,200		
汽車費用小計（年）	155,200		
汽車費用小計（月）	12,933	以上交通花費合計（年）	0
買車花費合計數（年）	155,200		
買車花費合計數（月）	12,933		

不買汽車(機車方案)			
機車總價	60,000	公車（年）	0
貸款總利息	0	客運（年）	0
使用年限	10	計程車（年）	0
買機車費用小計（年）	6,000	捷運（年）	0
油錢（年）	12,000	火車（年）	0
保養、維修（年）	5,000	其他（年）	0
保險（年）	550		
稅金（年）	450		
停車費（年）＋罰金	1,000		
其他費用（改裝、過路費等）	0		
費用合計	19,000		
機車費用小計（年）	25,000		
機車費用小計（月）	2,083	以上交通花費合計（年）	0
買車花費合計數（年）	25,000		
買車花費合計數（月）	2,083		

「整理文化、教育評估表」

　　現在家庭因為整個城市化進步快速，家庭組成也多數成為雙薪家庭，但因為整個物價成本相對提高，其實大家過的頗為辛苦，生小孩的人數減少，這就是成為少子化的原因之一，我父親那個年代，很流行一句口頭禪，孩子的教育不能等，而教育又和文化是離不開關係的，所以，這個文化、教育的支出，對家庭花費也相當重要，如何在維持基本的家庭需求支出外，再提供給孩子一個具有文化及教育內涵的課程，我們在人生的過程中，經歷結婚、生子、必要會面對到這個部份，就以筆者來說，當小孩在幼兒園時，就開始有所謂的才藝班，有積木班、畫畫班、直排輪班等等，多彩多姿的才藝，讓小孩可以自由選擇，而我們該如何考量這些事情呢，或許你會說，每個人都是一個獨立個體，這怎麼考量呢，是的，才藝選擇筆者認為不只是家長用自己的想法讓小孩去上才藝班就好，更多的是尊重小孩的選擇，但是小孩又還沒有獨立思考能力，究竟如何才能達到效果呢？

　　我很認同洪蘭教授在教養／親子天下所發表的文章「別急著找孩子的興趣」，內文指出，一位媽媽說，為了找出她孩子的潛能，她每天加班賺錢，送孩子去上各種才藝班。每個月3萬元的學費，她已經花了8年，但是孩子仍找不出特別的興趣。她問：「還

要多久，興趣才會出現？興趣定型後，能改變嗎？」

其實人的興趣一直在改變。小六與國一才差1年，他們玩的玩具就大不相同，孩子會隨著年齡、心智的成長而轉移興趣，甚至進了大學，興趣還會再變。1995年艾美獎得主彼得‧巴菲特（股神巴菲特之子），就是幾經轉折才走上音樂之路。

筆者認為，在我們家長能力範圍內，讓小孩去選擇他想要上的才藝，是一個不錯的方法，就以筆者為例，家中有一名剛上小學一年級的7歲可愛小女生，在參加小學一年級的入學典禮時，收到一張學校發的社團名單，我心想，哇～學校的課程真是豐富，還有這些社團可以參加。

接著我就先請她勾自己想要上的社團，我看她很快速的把想要上的課團打勾，我心想，可能有些社團她還不清楚是什麼，但主要就是讓她有自己選擇的機會；接下來，我就逐一介紹各社團是什麼樣的型態，例如武術課，我向她生活化的說明什麼是武術，她還不清楚時，我就上網把武術課相關的照片及影片給她了解，最後，我再向她詢問，妳確定要上這課程嗎？如果她瞭解後，還是選擇要上，那我就會開始安排相關課程給她去上，在下圖是參加小學一年級入學典禮的社團名單，可發現在學校有各式各樣社團，而且相較於外面才藝班，真是便宜不少，而在課外，也有著幾種選擇，大致分類如下：

一、校內課後社團：

熱門社團經常秒殺或爆班。原本看似無聊的校內課後社團

這幾年種類變化多元且獨特，支出又平價易人，成為課後選擇新寵。

二、安親課輔複合式：

少子化衝擊，純安親跟純補習的形式愈來愈少，取代的是安親、補習又學才藝的複合式包套課程。也有家長開發了「校內＋校外」的高CP值安親模式，先在校內上完社團，再到校外補習班寫作業。

三、另類安親，形式多元化：

愈來愈多家長不怕麻煩，自組「共學團」。

四、在家學習：

自主學習 讓小孩與負責照顧的家長（或是負責看顧的大人）一起安排時間表，寫作業、午休等可以從事小孩想從事的任何事。

● **面對各種選擇，家長可從四大關鍵因素考量。**

第 *1* 是「時間跟接送問題」：

雙薪家庭最要注意接送時間能否跟下班時間無縫接軌，非雙薪家庭若有兩個以上小孩也得安排好接送順序，以免來回奔波多

次。

第 *2* 是「活動內容與空間」：

專家提醒，小一年紀的孩子能夠專注做同一件事的時間約二十分鐘，需要安排多元的活動與學習交叉進行，若有空間可運動當然更佳。

第 *3* 是「價位」：

校外安親補習班的花費，至少是校內課後照顧班社團的兩倍，個人家教跟另類安親型態收費也偏高，需注意經濟負擔。

第 *4* 是「期待」：

北市忠孝國小總務主任林瑞慧建議小一生家長應對選項跟內容做全盤了解，考量自己跟孩子的需求與限制，設定合理期望，親子共同討論後決定。

課後安排除了讓家長方便、放心之外，更可從孩子反應中了解，經過一段時間親子可以進行討論並調整。以下針對「校內課後社團」、「安親課輔複合式」、「另類安親」以及「在家學習」四種課後方案進行分析整理。

▼ 整理文化、教育評估表

	課後社團	安親課輔複合式	另類安親	在家學習
本質性	照顧	加強課業	多元學習	自主學習
課程豐富性	課程選擇多	課程選擇少	課程選擇多	
場地	學校教室、運動場跟圖書館都可加以利用	空間狹窄活動量不足	室內室外都有可能不會局限在教室或某個定點	自家舒適自在
安全	有警衛安全性佳	櫃檯老師中等	老師安全性低	家中安全性佳
班制	小班	大班	中等	個人
平價	1.各校不一。 2.北市公立小學課照班（到6點）。 3.每月平均5千元。 4.新竹市平均每月不到5千元。 5.每個社團每月外加最多2千元。 6.許多社團是免費。	價位至少是校內系統的兩倍以上經濟負擔高	要看課程內容	回家免費；課後保母約時薪150元起跳，晚餐再加價

	課後社團	安親課輔複合式	另類安親	在家學習
時間彈性	各校不一多數到晚上6點，較無法彈性配合家長需求	彈性超高的服務時間，可配合偶爾加班晚歸、無法準時接送的家長	因為時間不固定，家長要能配合，或交給其他家長幫忙接送	下課後直接回家免去接送麻煩
課後照顧班品質（比較課輔）	由課照老師看顧、陪伴孩子完成作業不另做加強	課後活動內容都只局限在單一的學習上	強調家長之間的價值觀相近，師資是大家精挑細選希望提供課業加生活上的多元學習	自主安排下午時間
消磨學習動機	自由活動較多	寫不完的評量	學習動機強	容易流於遊戲課後寫不完

資料來源：作者自行整理

▼ 課後社團課表

上課時間	編號	社團名稱	費用	次數	指導教師	備註
三、四 7:35 8:35	1	足球社（中高年級）	2500 元	28	洪信華	招收 3-6 年級學生
週二 15:40 17:10	2	桌遊	1800 元	13	呂美蓉	含桌遊租借費 200 元
週三 13:00 14:30	3	兒童美術社	2300 元	15	吳偉彰	含材料 500 元
	4	羽球社（一）	1800 元		黃承暉	含材料 100 元
	5	鈺淨~烏克麗麗	1800 元		葉鈺淨	新生教材費 300 元另繳
15:00 16:30	6	樂高聲控戰隊	2200 元		楊東鴻	含材料 800 元
	7	創意拼裝王	2100 元		張舒婷	含材料 1050 元
週五 13:00 14:30	8	足球社（中低年級）	1700 元	14	洪信華	招收 1-4 年級學生
	9	酷炫卓科學動力營	2200 元		張舒婷	含材料 1200 元
週六 09:00 10:30	10	跆拳道社	1600 元	13	李德平	
	11	羽球社（二）	1600 元		黃承暉	請自備球拍 含材料 100 元
	12	桌球社（初級）	1700 元		李本煥	請自備球拍 含材料 100 元
	13	街舞社	1500 元		張秀如	
	14	扯鈴社	1600 元		劉昊伶	自備扯鈴或向教練購買
	15	作文班	1600 元		邱雅劍	只收中高年級學生
	16	圍棋（初級）	1600 元		姜仁圍	
	17	烏克麗麗（進階）	2000 元		巫富源	自備樂器或向老師購買
10:30 12:00	18	巧手捏塑工藝班	2300 元	13	彭美綺	含材料 800 元
	19	桌球社（進階）	1700 元		李本煥	請自備球拍 含材料 100 元
	20	籃球社	1500 元		黃承暉	
	21	直排輪	1500 元		謝國意	自備直排輪或向教練購買
	22	魔術班	2100 元		馮俊良	含材料 600 元
	23	圍棋（進階）	1600 元		姜仁圍	
	24	烏克麗麗（初級）	2000 元		巫富源	自備樂器或向老師購買

「整理休閒、娛樂評估表 」

　　在這麼忙碌的生活中,如果還不能夠有一些放鬆身心的娛樂,讓人怎麼能繼續生活下去呢?現在台灣已經實施週休二日,星期一至星期五的辛勤工作,星期六星期日好好休息,這樣生活的平衡,大家身心才能夠協調,身體與心靈都能得到充份休息。

　　在目前這個社會型態中,大致可將休閒娛樂分為四類,依據「台灣家庭收支調查報告」分別為旅遊、運動娛樂、書報雜誌、娛樂器材。

✅ 一、旅遊:

　　舉凡觀光、遊覽、旅行、郊遊、登山露營、門票、出門所需支付的保險費、住宿支出等都屬這類。

✅ 二、運動娛樂:

　　運動相關支出、馬拉松、各種競賽門票、騎馬、高空跳傘等等,還包含其他娛樂類(指的是電影、音樂會、展覽、遊戲片、CD、錄影帶等)。

✅ 三、書報雜誌、筆墨、水彩、筆記本、信封、漫畫、報紙雜誌及電子書類的相關刊物。

✅ 四、娛樂器材、收錄音機、照相機小提琴、玩具、釣魚用品、玩具、遊艇、樂器等器材等。

　　基本上我們在生活中，休閒娛樂不離這四類，而每個讀者在進行家庭理財評估的時候，對於休閒娛樂相關的消費，對家庭影響蠻大的，主要原因是目前社會雙薪家庭己漸漸成為家庭組成的主要一份子，而現在小孩越來越少的情況下，對於小朋友不管在安親才藝的選擇中，還是在學校中的基本學習，到了假日，難得有親子互動的機會，父母可以好好同小朋友一起更深層的靈魂內心的接觸互動，假日中的互動，就要重點關注在休閒娛樂的部份，而在休閒娛樂的選擇上，每位讀者的感受不同，筆者提供休閒娛樂比較表供各位讀者參考，讓各位讀者在家庭理財上與小孩教育上，能夠取得一個最適合自己家庭的平衡，這也是筆者出此本書目的。

▼ 整理文化、教育評估表

項目	旅遊	運動娛樂	書報雜誌	娛樂器材
家庭支出	多	中	少	中
健康	一同出遊 外出走走	室內運動	靜態活動為主	室內活動
增進知識技能	可實作的機 會較多	可實作的 機會較多	看書學習	專門技能 有學習 機會
消耗小孩體力	活動多 消耗體力多	運動消耗 體力多	沒耗小孩體力	耗費小孩 體力中等
人際關係增長	一同外出 與人接觸多	中等	較少	中等
戶外活動	多	多	少	中等
花費時間	至少半天	2～3小時	2～3小時	1～2小時

資料來源：作者自行整理。

　　由於旅遊支出對於家庭支出來說，好處相當多，但是就是花費確實不少，由此，一個折衷的旅遊方式就油然而生，就是用露營取代旅遊，這樣的好處就是可以節省旅遊中最大的一筆開銷，住宿費，故在整個旅遊規劃及家庭理財的整體考量下，露營成為了一個現代人流行的旅遊方式，筆者提供了一些如果家庭要進行家庭露營活動，那又應該考量那一些因素，筆者提供檢核表供讀者參考。

▼家庭露營活動檢核表

露營設施項目	有/沒有	備註說明
棧板營位	有	全部是棧板
草地營位	無	
碎石營位	無	
帳邊停車	有	車位空間中等，如車子太大需加支出
遮雨棚	無	
戶外桌椅	無	
插座電源	有	插頭就在營位附近
洗碗槽	有	
垃圾桶	有	
廁所	有	男女廁所分開、乾淨衛生、衛生紙有、親子廁所
衛浴熱水	有	廁所衛浴分離、乾濕分離
手機訊號	無	電信商都沒有信號
租借設備	無	
小孩玩的設施	有	附近有草地及溜滑梯小孩玩、可休息
景觀餐廳	有	累了可以在景觀餐廳吹冷氣休息

資料來源：作者自行整理。

「整理其他事項」

·每日收支處理事項

我們每日都一堆事情要處理，不管是在家庭上，或是工作上，每天都有忙不完的事情，那我們讓如何整理我們自己的事情清單，讓自己每日處理事情更加輕鬆自在呢？

現在的年代是一個智慧型手機年代，生活中總是充滿了手機訊息，不管你手機是宏達電、Samsung、小米、華為，這個工具一定要會使用，才不會跟不上世界的發展潮流，另一方面，電腦已成為家庭中不可或缺的一環，每人在家中，有著一台電腦也是相當必要的事情，而我們如何管理好自己的每日行程呢，筆者提供自己的方式給家庭理財的讀者參考。

如下表，筆者將每月固定收入及支出的部份進行分類及整理，分別為薪水、房租、貸款、信用卡及其他類項目。

薪水：指的是會有收入進來的項目，此項目也可再增加，如定存收入。

房租：這個部份指的是房屋相關收支的記錄，如果自己有一間房子出租，約定每月5日收租金，就登錄在此處，當然，如果你目前是租屋，也可以此欄位上寫出，例如付房東18,000元。

貸款：此部份指的是如果有向銀行或其他機關進行借款，自己身上自然有一筆貸款，而如果有房貸，也可以在貸款部份上登錄，做為每月固定檢視的狀況

信用卡：信用卡是我們目前常用的工具，每一間銀行發行的信用卡，都列示相關的結帳日及付款日，結帳日對你的影響是，如果你的信用卡結帳日是9/20，而今天是9/21你刷了一筆單，這就表示你不用9月份來繳這筆信用卡款，而是到10月份才需要繳，而如果是9/11刷了一筆單呢？

● **對，很聰明喔，這筆單就是要9月份就要繳費了**

付款日對你的影響是什麼呢？簡單的説，就是你這筆信用卡錢，一定要付款給銀行的日期，也就是説，付款日如果是10/8，表示你這筆信用卡款，要在10/8以前繳，那你問，如果在10/9繳不會有什麼問題呢？通常銀行會提供給你一些緩衝的時間，如果不小心沒繳，還能有1～2天時間差可以讓你補足信用卡費，但如果過太久，就會開始收高額的利息支出，所以付款日沒注意會讓你在家庭理財這一塊，金錢就會慢慢流失，不可不慎。

而在其他這個項目，可以將一些日常會發生的事情記錄下來，例如説股票折讓款，電話費、電費付款日期、學費何時付錢，銀行存款利息發放日等，都可以在其他項目中記載，記錄的越詳細，對讀者的家庭理財將會管理的越是輕鬆自在。

筆者一開始還沒整理出這個表格前，每日都在煩惱著那一天要繳電話費，那一天要繳貸款，惶惶不可終日，直到有一天，下定決心要好好整理自己的每日收付狀況，經過一段日子的努力，也修改了一知道幾個版本，總於做到一個可以接受的模式，我相信，只要有心想要在家庭理財這一塊好好用心，讀者們絕對可以建立屬於自己的每日收付狀況表。

▼ 每日收付狀況表

日期	薪水	房租	貸款	信用卡	其他
1日					付電話費
2日					
3日					收定存利息
4日					
5日	花旗領薪				
6日			A房貸扣款		
7日					
8日					
9日				花旗信用卡付款	花旗股票折讓款
10日					
11日		付房租 9,000			
……					
31日				花旗信用卡結帳	

資料來源：作者自行整理

· 常用密碼記錄表

在這個網路及電腦世代，相較於以前，密碼充斥著我們的生活，不管登錄網站會員：Yahoo、Pchome，還是社交軟體Line、Wechat、QQ、Facebook處處皆要你設定密碼，設定密碼也就算了，也因為各個網站對密碼要求不同，全部都數字，全部要英文，要數字英文混合，還有分大小寫字母，更有者，一定要加入一些特殊符號，讓我們的密碼充滿了琳瑯滿目，筆者頭腦也就頭昏腦脹了，雖然大家一致認為，良好的頭腦就是最佳密碼保護機制，筆者同意，但在這個琳瑯滿目的密碼人生中，頭腦要記的東西不只是密碼，還有更多東西值得記憶，由此，筆者開始著手整理密碼，一開始著實不知道要記些什麼東西，就很簡單的記錄，截至目前，筆者目前常用的密碼記錄表如下表，提供各位讀者在管理密碼時，能夠有範本可以參考。

▼ 每日收付狀況表

Owner	項目	使用者代號	使用者密碼	備註
先生	Line	AAA	BBB	

資料來源：作者自行整理

·特別篇 家庭理財教育

在進行2－2章之前，筆者想來談談家庭理財教育，經由以上這些整理生活的活動中，相信讀者可以發現，在整理過程中，不只是整理這些物品而己，而是把自己從頭到腳的重新整理過，依照筆者的經驗，經過這些整理活動，在身心靈都獲得一個輕鬆自在的感覺，不要輕忽這個感覺。在家庭組成中，如果你經過家庭理財活動來改善你的家庭理財，你的身心靈輕鬆，也會間接帶動你身邊的家人，小孩有著正向能量，把事情處理的更遊刃有餘，讓你的家庭氣氛更好，更輕鬆。

這個家庭理財活動，其實也會讓你在家中的小孩有著完全不同以往的感受，由家長讀者自己做出來的行為，對還在成長期，心智狀態都還不夠成熟，只會模仿家長的小孩而言，家長所體現出來的行為及所傳輸的家庭理財概念，遠比學校、幼兒園老師對小孩講的話，更有說服力，也更讓小孩能夠信服。

筆者在完成家庭理財活動時，依循（說你做的，做你說的）言行一致的家庭理財概念，讓小孩在整個家庭理財過程中，充份理解我們家長的思維邏輯，這樣才能真正改變孩子。

家庭理財活動，筆者認為不只是教小孩認識金錢，如何使用金錢，如何存錢等概念，當然，這些家庭理財知識很重要，但筆者認為有更重要的事，就是要做錢的主人，而不是做錢的奴僕。

不可諱言，我們人生在這世上，金錢扮演一個重要角色，是的，是一個角色，就像我們看電影一樣，就是一個角色，但絕對不會是一個主角，因為，主角是我們自己，我們有權決定錢如何

使用，而不要被錢所掌控，這個是一個很重要的概念。

　　不要以為有錢人不會被錢所控制，有錢人會因慾望而對金錢有更大的渴望。有一定的慾望可以成就你，但太多的慾望容易毀滅自己。鉅亨網在近期有關玩具反斗城聲請破產的新聞中指出，幾年來，光是現金利息支出，該公司就必須花費多達 5 億美元。使其沒有多餘的現金進行商店擴張、推銷和最關鍵的線上銷售。這說明出自己有多少能力，就以適合自己的能力去創造屬於自己的家庭理財模式，而非超出自己能力，最後導致結果並不如預期，反而承擔不了後果。

第 2 節
整理收入

環境與物品正是我們內心的投影，整理環境與物品等於整理我們的心。

「為何要整理收入」

收入是我們生活大事之一，收入可以維持家庭生活所需，讓我們家庭生活運行順暢，不用擔心下一頓飯有沒有得吃，而我們終日，也就是為了收入這一塊努力，一大早起來，早餐快速買個便利商店麵包，搭配一瓶義美鮮奶，急急忙忙著，就趕緊上工，所為為何，就是為了一頓可以三餐溫飽的收入，這件事你能說不重要嗎？

「收入的基本定義」

那什麼叫收入呢？有些事情其實需要好好定義一下，辦公室上班算收入？幫別人代收一下錢算收入？在把家中不要的雜物賣出算不算收入？

簡單來說，就是這筆錢最後最後是留在你口袋的才算是收入，以辦公室上班來說，通常是打薪資進銀行戶頭，這個銀行戶頭就是你的名字，最後是你在使用，那這筆就是屬於你收入，但如果是幫忙家人收一下錢，最後還要把錢交給家人，這種我們稱之為「代收代付」，不是算收入喔！

2-2-3

「家庭收入類型」

　　讓我們來談談家庭收入有那些類型，在這個世界上，各式收入情況很多種不同，筆者依自己親身經歷，將家庭收入類型分為兩類，稱之為經常收入及非經常收入。

　　何謂經常收入呢？在家庭理財的概念中，如果讀者你是在上班的就叫薪資／薪水收入，如果讀者你是自己有個專業技能，在外面接外包案的，來獲取報酬，稱之為外包收入。現在很流行的存股，就是你買一張股票，這張股票，每年都會配股息給你，只要你的股票概念長期投資，不是短進短出的，也是在經常性收入的範疇內。如果是己屆退休的長輩，可以領勞保年金，老農年金，又或者是家中有一名0～2剛出生的小孩，因為政府要獎勵生育，故政府會提供每個月的育兒補助。如果你在家中有使用銀行的定期存款，定期存款有一種可以存入一筆本金，每個月領存款利息的。又例如家中有一間房產，固定有在收租金，每個月都會進帳的，以上這些都算經常性收入。

　　經過以上的說明，我想大家應該有一些瞭解，更直觀的來說，就是在你的心裏，認定此筆收入可以創造一筆連續性的性質，例如每月或每年可以收到一筆錢，就可以把這筆收入定義為

經常性收入。

另一方面，筆者稱之為非經常收入，這筆收入有一個特性，就是非連續性，什麼意思呢？就是領個幾次就沒有了。例如短期的股票投資，我們在股票有一句笑話，說股市賺錢沒什麼秘訣，就是買低賣高罷了，理論上是如此，實際上確是困難重重。而如果讀者有在股票有一些獲益，因為這種是短期買賣，所以我們定義成非經常性收入。不只是股票，如果是房屋投資呢？這其實也是一樣概念，房屋投資雖說是一個中長期投資，但是通常屋子就一間，賣掉就沒房子了，這個和股票概念是相同的。

再者，我們在整理生活的章節中有提到，如果在整理生活的過程中，有一些東西可以透過出售來獲取收入，例如家庭中的不需要的書，鍋碗……等要出售，這些物品也因為具有賣一次出去就沒有了，所以就算入非經常收入。或者如果讀者有在投資股市，有一些證券商在交易股票時，會先收取證券買賣手續費，接著在每月月初再把打折手續費退還給你，這種手續費退還，如果讀者有投資才會有手續費收入，沒有投資就沒有手續費收入，故算在非經常收入範圍內。

在介紹以上之後，是否對家庭理財收入有更多認識呢？

筆者將以上說明列出表格供各位讀者參考：

▼ 收入類型分析表

分類	概念	名稱	簡述
經常收入	連續性	薪資/薪水收入	工作，勞務得到的收入
		外包收入	在外面接外包案的收入
		存股收入	長期投資
		退休金收入	退休
		育兒收入	政府會提供每個月的育兒補助
		銀行定存收入	存入一筆本金，每個月領存款利息
		租金收入	收租金，每個月都會進帳的
非經常收入	非連續性	短期投資收入	買低賣高賺價差的
		房產收入	買低賣高賺價差的
		出售收入	賣家中不用物品，只是一次性收入
		證券買賣手續費收入	有買賣股票才有

2-2-4

「如何整理家庭理財收入」

　　依照上節，我們瞭解如何判斷家庭理財收入，但是，我們又要如何付諸實現在生活中，把這些資料，整理成我們家庭理財中的重要資訊呢？以前呢，我們常常使用Excel具體實現化這些資訊，把東西都登記在Excel上，筆者持續做3個月，經過3個月的測試發現，在電腦上做登記動作並不及時，因為筆者想要當完成一件事情後，就能夠馬上登記的人，而剛好在整個智慧型手機發展的世代中，開始在安卓及Apple的APP盛行中，開始搜索符合自己用的記帳軟體，在這個搜索過程中，少說也試用了近30種熱門，免費的記帳軟體。一直沒有找到一個符合我自己個性的記帳軟體，直到有一天，那天在帶小孩外出在公園玩，家中天真無邪的小孩就問我：爸爸你在煩惱什麼啊。我回答：一直找不到每日記帳的APP。我念頭一想，不如在安卓搜索每日記帳，出現了每日記帳本，並下載試用，這一試用後，對我來說可說是驚為天人，完全符合我要的基本需要，並製作出來記帳軟體比較評估表，也因為每個人的偏好不同，筆者不藏私，並把市場上較熱門的記帳軟體拿來比較評估，供各位讀者參考。

筆者是一名希望生活越簡單，事情多能夠掌握在自己手上的人，在選擇記帳軟體考量上，主要是免費使用，不要那麼多廣告。除了收支功能外，資產負債表的功能更是我所重視的，在家庭理財角度來說，我們家庭理財不只是看短期的收支狀況，當然，筆者很認同目前市場上記帳軟體提供收支狀況的用心，也更認同也因為智慧型手機、自動化、方便性的東西出來。但在筆者角度來看，一個記帳軟體能夠吸引到我，不只是一個簡單介面而已，而是記帳軟體內的所有配置，是一個可以自己記載，自由設定的特質，這個特質不會限制住自己想要的各種記帳方式，進而製作出屬於自己風格的記帳模式。另一方面，筆者認為資產負債表在整個家庭理財上，扮演一個非常重要的角色，收支只是記載一段期間的收支損益情況，這一年或是這一個月，在家庭理財是不是有多花了什麼錢，還是說省了多少錢。而資產負債是家庭的一個基底，不要談之前家庭理財理了多少，只要想著，我們現在家裏到底有那些資產負債狀況，家庭理財資產是不是穩定增加呢？還是說有慢慢減少的趨勢，這個對家庭理財來說也是非常重要，故在記帳軟體選定上，筆者一定要有資產負債表功能的記帳軟體，才能對家庭理財有一個更加全面的瞭解，若是只是統計其中一塊，並無法對家庭理財有一個全貌認識。

（下載網址 QR CODE）

每日記帳本的相關資訊
https://play.google.com/store/apps/details?id=com.bottleworks.
dailymoney&hl=zh_TW

▼ 記帳軟體比較評估表

項目／記帳軟體	每日記帳本	記帳AndroMoney理財幫手（最佳記帳軟體）	記帳CWMoney最佳手機記帳APP
免費使用	有	有（有筆數限制）	有（有筆數限制）
廣告	無	有	有
程式原始碼公開	有	無	無
有收支功能	有	有	有
有轉帳功能	有	有	有
提供資產負債表	有	無	無
密碼保護	有	有	有
可匯入匯出到CSV	有	有	有
備份資料到SD卡，並在新安裝時回復	有	有	有
記帳資計圖像化	有	有	有
協助統計細節金額	有	有	有
手機需要容量	3.54M	47.84M	26.45
信用卡自動分期	無	有	無
語音記帳	無	有	無
綁定手機載具	無	無	有
預算設定	無	有	有
網路記帳限定	無	無	無

筆者提供自己使用的親身經歷，首先第一點，記帳軟體的主要功能，是能夠隨時隨地的記帳，而這其中有一個很重要要注意的點，就是不會受限於一定要有網路才能記帳，因為如果要有網路才能記帳，這樣就失去了隨時隨地記帳的目的了，現在讓我們進入筆者生活記帳情境吧。

在領略到了每日記帳本的好用之後，在筆者的概念中，由於智慧型手機功能主要講求的是方便，並非是分析，所以智慧型手機是以方便記帳完成第一步，接下來如果要進行更細項分析，就必需要依賴EXCEL才能達到這個目的。當然你可以說我要尋求一個整合的軟體行不行，筆者會回答你當然可以，其實筆者曾經使用過一款，同時連結手機及電腦功能，功能可說是完美的記帳軟體，那時筆者非常開心，也想說整合上應該比較好，然而在經過3個月的測試後，毅然放棄這檔理論上完美的記帳軟體，為何說是理論上完美的記帳軟體呢？最後讓我決定不要使用這款記帳軟體原因，就是雲端連線整合，這個雲端整合可以同時連結手機與電腦，將所記帳資料，可以無縫接軌的同步完成，但筆者在實際的使用過程中，常常遇到的問題就是，手機又沒訊號了，是的，這對筆者來說是多麼大的打擊，而且還要思考到底剛剛記的帳有沒有記入，是不是又要重KEY了，這類想法一直冒出來，在經過數次資料重整後，筆者最後還是使用沒有網路必要的記帳軟體了。

好了，閒話少說，在每日記帳本記載完後，由於可以用智慧型手機下載CSV檔案格式（EXCEL可以讀），再加上自行加工調整後，就可做出屬於自己的家庭理財收入。

▼ 表如下圖：

		2017年1月	2017年2月	2017年3月	2017年4月	2017年5月
收入合計		141,447	44,409	51,541	47,331	51,228
科目	經常收入	40,100	40,100	40,100	40,100	40,100
4101	薪資/薪水收入					
4102	外包收入	40,100	40,100	40,100	40,100	40,100
4103	存股收入					
4104	退休金收入					
4105	育兒收入					
4106	銀行定存收入					
4107	租金收入					
	非經常收入	101.347	4,309	11,441	7,231	11,128
4201	短期投資收入	95.285				
4202	房產收入	0				
4203	出售收入	6.062	4,309	11,441	7,231	11,128
4204	證券手續費收入	0				

（接續）

2017年6月	2017年7月	2017年8月	2017年9月	2017年10月	2017年11月	2017年12月
61,042	176,849	47,732	120,800	44,800	44,800	44,800
40,100	40,100	41,800	41,800	41,800	41,800	41,800
40,100	40,100	41,800	41,800	41,800	41,800	41,800
20,942	136,749	5,932	79,000	3,000	3,000	3,000
			76,000			
	130,688					
20,942	6,061	5,932	3,000	3,000	3,000	3,000

第 3 節
整理支出

環境與物品正是我們內心的投影，整理環境與物品等於整理我們的心。

「為何要整理支出」

　　支出是我們生活另一項大事之一，生活上時時刻刻其實都和支出離不開關係。就從起床開始所吃的早餐，就是我們生活上的必要花費，以維持我們人的身體機能運作。吃完早餐，打開電視，看看國際國內新聞報導，這個電視及所花的電費，自然不必多説。再來呢，準備上班要穿的服裝，在衣櫃中慢慢挑選上班服裝，整理儀容所需的化妝品，穿上去的上班鞋。接著要到公司去了，出門所需要的交通工具，不管是開車，騎機車，UBIKE等工具，無一不是都要相關的花費。我們每個人有著自有本能，就是有二條腿可以免費使用，但有時需要讓自己的身體好好休息，自然透過這些便利的各項設施及工具，讓我們在生活中，可以達成相關的平衡，筆者覺得這是更重要的事情。

　　支出不是一個讓人感覺沉重的名詞，更大格局來説，是可以讓我們在整個生活的過程中，過的更輕鬆自在的一個選擇，無關好或不好，就是一個可以使用的工具，而這個要使用或是不要使用，一切取決於在你自己，這些物品，只是你選擇的工具罷了。

2-3-2

「支出的基本定義」

　　那什麼叫支出呢？在家庭中，常常會使用到的支出有很多種，在星巴克買一杯咖啡算支出？幫別人付一下錢算支出？搭火車上班算支出？那A銀行戶頭轉到另一個自己的B銀行戶頭算？

　　簡單來說，就是這筆錢最後最後是留在別人口袋的才算是支出，以星巴克買一杯咖啡來說，通常你會付現金或信用卡刷，支付寶付款，這筆帳不管現金交給別人，還是透過信用卡，支付寶交給別人，你是最終要付錢的那個人，那這筆就是屬於你支出。

　　但如果是幫忙家人付一下錢，最後家人還要把錢還給你，這種我們稱之為「代收代付」，不是算支出喔！

　　搭火車上班算支出？這個當然是家庭理財支出之一囉，A銀行戶頭轉到另一個自己的B銀行戶頭這個部份並不是現金交給別人，是屬於你自己的銀行戶頭相互轉帳，這個就不叫支出。

「家庭支出類型」

讓我們來談談家庭支出有那些類型，各式支出情況很多種不同，筆者依自己親身經歷，將家庭支出類型分為兩類，稱之為經常支出及非經常支出。

那何謂經常性支出呢？

在家庭理財的概念中，凡在家庭中所有可能出現的支出，都在家庭支出的範疇內。以一個較普遍性的餐飲費來說，這個就是平常生活中，三餐及喝的飲料等等基本開銷，例如一早起床，去便利店買個麵包及鮮奶，這個就是餐飲費。有可能讀者會問，一日三餐表示有早餐，午餐及晚餐，這樣我是否可以分類呢？問這個問的讀者相當用心，有深入了解餐飲費的問題，依照筆者自己實際經驗，在一開始記帳時，我有把早餐、午餐、晚餐各個記錄，但是這會出現一個狀況，因為家庭理財並不是自己一個人在理財，家庭的形成是，丈夫及妻子，如果家中有小孩，自然還要再列入，筆者自己可以做到隨時隨地記帳，但筆者家人目前是還在努力中，也因為如此，實際上在進行這個方式時，如果讀者是家庭中資金主控者，而另一半可以用每週或每月的方式，給予餐飲費，例如2000元／週的方式，在我們實務上記帳上，就會容易

許多，再回到問題，是否可以記一日三餐，經過筆者多年的觀察記帳軟體發展，發現要記錄這個早餐、午餐、晚餐在目前不管是安卓或是APPLE的記帳軟體都有提供這個功能。舉筆者使用每日記帳本來說，基本上有兩種方式可以具體實現這個作法，第一種是在帳戶管理中，直接把餐飲費分成三個類別，餐飲費－早餐、餐飲費－午餐、餐飲費－晚餐，這樣就可以很方便選取所要記錄的方式，這個方式的優點是在統計上就可以很明顯知道三餐花費是那一餐花費較多，再來做小小的節省動作，另一種方式是記在備註欄位，就是我們就只有一個科目叫餐飲費並不特別分什麼早餐、午餐、晚餐，這個方式不分類別，簡單記錄知道餐飲費支出的狀況，這是屬於大略控制做法，筆者提供分析表供各位參考。

▼ 科目事先歸類或是備註寫評估表

	優點	缺點
餐飲費分為三個類別	事先歸類，容易找出花費較多的是那一餐	科目設越多，報表看的越複雜
在備註中寫早餐、午餐、晚餐	不易找出那一頓飯花較多	科目少，簡單明瞭

接下來我們介紹：

✅ 生活用品費

　　這個費用主要是一些生活用品購買時所要用的科目，例如我們在家中，常常會有抹布、垃圾桶、垃圾袋、椅子、衛生紙、濕紙巾等等類物品，特別是一些消耗品都算在這個項目內，租金費，這個項目只適用是租房子過生活的讀者，我們租屋通常都是每月付租金，付租金的金額，就要列入這個項目內。

✅ 電視網路費

　　如果家中有看第四台，需付費的電視台及網路連線費都在此項目內，這個項目我會特別合一，主要原因是電視第四台及網路費己經是這個網路世代很常用的使用工具，所以筆者才把此兩類合成一類，不知道讀者是否有發現，其實電視網路費是可以將項目分成兩類，分別是電視第四台費及網路費兩種，這個概念上的優缺點與上面的科目事先歸類或是備註寫評估表是一樣的優缺點。

✅ 汽車費

　　在這個交通工具很方便的年代，汽車代步也是一種方式，凡只要與汽車有關的費用，都會記載在這個科目內，如汽車維修及保養費用、加油、停車費、在高速公司會扣款的ETC、燃料稅、牌照稅、驗車費、汽車保險費，都在這個項目內，不知道讀者是否有以下經驗。

但凡我們開車，在這一生中也許會有車禍發生，這個情況產生後，如果是我方撞到對方，勢必要付一筆賠償金，此時用這個汽車費項目支出是合理的，而恰恰好車子通常都會有保險。如果發生車禍等情況，而我方又要向保險公司出險時(申請車禍理賠時)這時就會有一筆保險收入進來，此時，這個部分要如何處理帳務呢？這個情況通常有二種處理方式，第一種是淨額法，什麼意思呢？這是指，在我們一開始對於汽車費的定義來說，是所有包含車子的支出都算進去，而這筆保險收入，在淨額法的實際做法上，就是把賠償給對方的錢扣除保險出險收入，只留要付出去的淨額，也就是餘額，如果保險公司願意全數理賠，在淨額法的做法中，在我們家庭理財支出這一塊，其實就不用做什麼登載的動作。而另外一個方式是總額法，這個方法就是我們把保險收入記在收入那一個項目內，讓我們在家庭理財收入上，就會新增保險收入，但因為此筆收入沒有連續性，所以請記得，這個是要記在非經常收入才對喔，不管是淨額法還是總額法，對讀者來讀，請自行擇自己喜好的方法喔。

機車費

　　機車這個交通工具相當普遍，凡只要與機車有關的費用，都會計入這個科目，比較常用的有加油錢、機車修理、機車保養（機油或齒輪油）及稅費（牌照稅、燃料稅），另外還有每年固定要定檢的費用，這些費用都會計入機車的費用內，筆者列出相關資訊，供讀者對機車費這個項目有更深了解。

機車費	加油錢（油資）	依機車CC數而定
	機車修理	依修理項目而定
	機車保養	依保養項目而定
	機車牌照稅	每年 4 月，目前機車免繳
	機車燃料稅	每年 7 月，視CC數，花費金額300～2100不等
	機車定檢	目前機車排氣定檢車主不用付費

交通費

　　這個科目指的是搭公車、UBIKE或搭捷運所花費的錢，就如我們之前所提，除了汽車及機車等常用交通工具外，都可以列入這個項目。

利息費

　　如果家中有信用貸款的讀者，向銀行借錢是要支付利息的，而這個利息費用就要列進來，在這個利息費用有一點要請讀者特別注意，一般我們向銀行貸款時，會借一筆錢出來，如新台幣100萬，通常銀行會有一些付息方案供讀者選擇，例如「本金平均攤還」付息方案，這個方案持性是，每期還固定的本金，利息依貸款餘額計算，容易計算，用一般計算機就可以算出來，只是要注意的是為每期繳款金額皆不同。而另外一種「本息平均攤還」付息方案，是屬於比較普遍在用的方案，特性是每一期還款金額固定金額，對於資金管控比較在意的讀者，較好管理，缺點則是利息總額會相較「本金平均攤還」略高一點，筆者整理相關比較表供讀者有更深了解。

▼ 銀行貸款還款方式評估

	優點	缺點	說明
本金平均攤還	利息總額相對低	還款金額不固定，每期都要確認一次	本息平均攤還比較好管理，如果和銀行有談可以提前還款，一樣在有閒錢的前提下，降低本金，一樣可以達到省利息的效果。
本息平均攤還（常用）	還款金額固定，方便管理	利息總額略高	

✔ 管理費

　　社區大樓目前在城市相當普遍，而通常都要支付一筆管理費用，管理費依社區不同，所要支付的金額也不同，通常都是以坪數計費，舉例來說，如果家中有一間社區大樓的房子，坪數為3房2廳格局，其坪數約為35坪（以權狀計算），而目前管理費依普遍而言，落在50～70元/坪，故每個月要繳的管理費就是1750（35坪*50元／坪）～2450（35坪*50元／坪），而這筆費用就會記入管理費中，另一點筆者提供小秘招，通常管理費是月繳型式，如果社區有優惠，例如年繳可以管理費打折，在家庭理財現金流量充裕的情況下，可以用年繳方式一次繳清，還可以省一筆小錢喔。

✅ 水電費

水電費是由水費及電費所組成，水費目前是月繳型式，依當地自來水公司會寄單，而電費目前是2個月寄單一次，由台電所寄單，這個部份是如果有收到相關單據，在繳費完後，就可以登載在APP上，比較不會漏記。

✅ 郵電費

郵電費由郵寄費用及電信費所組成，郵寄費指的是我們在生活中，常常會寄一些東西給家人或朋友等等，透過郵局或大榮等物流業者所寄出去的費用都算入此項目。而電信費則是我們的手機費，這個部份由於手機己經是日常生活常用設備，這個不管是打電話的話費或是網路上網的項目都算入郵電費中，如果讀者對於上網費用可能會覺得要列入網路費，筆者也認同，就依各位讀者使用方便為主。

✅ 保險費

各位讀者在身上或多或少都會有保一些保單，不管是何種方式（20年期或是1年期），基本上保險費就是列入此項目內，由於保費通常金額頗大，筆者方式通常是用信用卡繳卡費，可以延後付款，可紓緩家庭理財現金流的不足，另外，也會特地精選信用卡的種類，由於筆者喜好現金回饋及可以分期0利率的信用卡，所以在繳保險費時，就會特地用這種信用卡刷，可以獲得較多現金

回饋，也可以兼顧分期現金流量，確保家庭理財現金流的穩定。

 醫療保健費

沒有比身體健康的保養更重要的事情了，醫療是應急之用，實在是沒辦法了，才去看病吃藥，而保健則是透過一些保養品及運動來促進自己身體的活絡性，進而讓自己健康的一些做法。

此科目由醫療及保健組成，醫療指的是去看病的費用，不管在診所或是醫院，我們所需支付的錢，就是醫療項目，而保健包含了買一些有助身體健康的營養品或是保健品等等，還有就是外出運動有時需要支付一些費用，例如球類運動，有些需要付場地費或是參加相關球隊，要支付每月或每季的季費，由於這些都是為自己身體健康所支付的，筆者一併列入醫療保健費科目。

 孝親費

古人說父母之恩大於天，故定期或不定期提供給父母一些生活支出費用，以表達我們孝心，這個是合情合理，這個部份要依照各位讀者量力而為，考量自己的家庭經濟情形，總括來說，提供給父母等等費用，均可計入孝親費科目內。

 捐款

看到國中小的一些兒童，營養午餐沒得吃，又或者看到世界

有比我們更可憐的人，想要幫助他（她）們，是的，不管透過那一個機構去援助，這些支出都計入捐款科目。

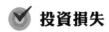 **投資損失**

投資有賺有賠，風險管控才是重點，此科目是在投資項目中，遇到賠錢情形時，就要記入這筆支出，而這個損失通常會搭配一些報表檢視細項，筆者提供資料供參，如圖中有一些損益金額為負數（紅字），就是指這個情形，需注意要列入投資損失科目中。

▼ 2017投資總損益一覽表

類型	獲利月	帳戶	名稱	多空	損益金額	損益%
股	106.9	犇亞	奇力新	多	30,643	
股	106.9	犇亞	崧騰	多	(29,132)	
股	106.9	犇亞	奇力新	多	18,400	
股	106.9	犇亞	漢德	多	(5,085)	
股	106.9	犇亞	漢德	多	(6,797)	
股	106.9	兆豐	群電	多	269	

✅ 置裝費

　　固定期間買些衣服換裝，乃屬正常，所以不管在那一間衣服店所購買的衣服，都要列入這個項目，來觀察看看自己在置裝花了多少，是不是影響家庭理財有過大情形。

✅ 其他費用

　　這個科目指是臨時產生的費用，或是臨時遇到才想到的費用，例如突然想自己DIY磨咖啡豆的樂趣，於是網購了一台磨豆機，又或是突然想要向學術殿堂前進，要攻讀碩博士班，就開始報名，如果錄取了，就還有學費等等，為自己理想邁進，都可以列入這個其他費用項目內。

「如何整理家庭理財支出」

　　經過以上的説明，我想大家應該有一些瞭解，更直觀的來說，就是在你的心裏，認定此筆支出是一筆連續性的性質，例如每月或每年都要付一筆錢，就可以把這筆支出定義為經常性支出，例如如果讀者是住在社區型社區大樓，每個月都要向社區繳交一筆管理費，這是一筆每個月都要支付的概念，何時可以停止呢？基本上就是房子賣掉，或是租屋時，是房東繳這筆管理費，否則在家庭理財支出來說，其實就是一個經常性支出。再説另一個，電視網路費，如果讀者家中有在看第四台或是網路，這些對您來說是一個基本支出，不看第四台或是不使用網路您受不了，這樣就可以把這個科目定在經常支出項目。另一方面，筆者稱之為非經常支出，這筆支出有一個特性，就是非連續性，什麼意思呢？就是付個幾次就沒有了，例如我們有時家中有機車的需求，會需要買機車，在進行購買機車的支付時，我們可以發現在支出項目中，因為這是屬於一次性的支付，當然，您可以在信用卡使用分期付款，但在實際上的付款上，我們是付出一筆約70,000元的機車費，此時，因為這是一次性支出，所以我們在定義上會放入非經常支出中。

　　在介紹以上之後，是否對家庭理財支出有更多認識呢？

　　筆者將以上説明列出表格供各位讀者參考：

▼ 支出類型分析表

分類	概念	名稱	簡述
經常支出	連續性	餐飲費	平常吃吃喝喝買菜錢
		生活用品費	家中用具、常用小東西、雜物等
		兒女教育費	花費在兒女上，如學費、才藝班
		租金費	如有在外租屋花費
		電視網路費	家中第四台及網路上網費用
		汽車費	在汽車上所有相關支出
		機車費	在機車上所有相關支出
		交通費	除汽車機等其他交通支出
		利息費	如果有貸款，付給銀行利息費
		管理費	住家如要固定支付，社區管理費
		水電費	家中水費及電費
		郵電費	常用郵寄及電話費
		保險費	勞健保、個人保險(不算存錢的)
		醫療保健費	去看醫生及外出運動保健身體
		娛樂費	外出玩出遊費
		其他費用	不計入以上幾項費用
非經常支出	非連續性	孝親費	要給家人多少錢的科目
		捐款	捐獻
		置裝費	買衣服、褲子服裝費用
		搬家費	如要搬家的一次性支出

第 **4** 節
整理資產

環境與物品正是我們內心的投影，整理環境與物品等於整理我們的心。

2-4-1

「為何要整理資產」

　　那我們為何要整理資產呢？各位讀者試想，當您今天有一個夢想或想要的東西，真的真的很想要，此時，在整個心裡面，必定會開始思考，我現在有什麼東西是可以利用的，不管是銀行戶頭內的錢，或是自己有一台汽車、機車，又或者是有一台XBOX PS4，您會想盡辦法來完成這夢想或是買想要的東西，而此時，第一個要面對的問題就是，我有那些東西可以變現？又或者説，有什麼東西可以利用以物易物的方式來取得想要之物。

　　而這個意念，我現在有什麼東西是可以……，這中間的潛在思慮，己經把資產概念引導出來了，什麼東西是可以賣掉直接或間接取的金錢，或是這東西就是金錢，其實這個就可以算是資產了，下一節讓我們來瞭解，家庭理財面，資產概念有那些。

另一方面來說，在有錢人的概念中，家庭有很多資產並沒有什麼了不起，了不起的是，如何把家庭中的資產活化起來，讓資產動起來，這才是有錢人的思維，如果一個資產放在那邊都不動，也不好好善用，例如：家裡面有個土地祖產，一生一世就守著祖產，而平常生活並與這個土地祖產沒相干，一樣苦哈哈過日子，這樣在人生的過程中，各位讀者，這樣算是有錢嗎？生活依然縮衣節食，沒有好好利用現有資源，這等於是坐在錢上面的乞丐，筆者認為這是非常可惜的事情，故要避免這個情況下，好好的把這個章節學習，是非常重要的。

「資產的基本定義」

　　在會計原則上，有關資產分類密密麻麻，這個並非本書重點，本書只要是想透過家庭理財概念及生活化常遇到的案例，以簡單的敘述來說明，在家庭的一般生活上，資產與我們生活中息息相關。試想，我們到便利商店去買東西，您是用現金支付？信用卡支付？還是用現金卡支付。另外，資產還有包含大家都很熟悉的車子及房子，如果讀者家中有一輛價值不少的腳踏車，或某知名牌子的電動機車，也是屬於這個範圍內。資產在定義上，凡是可以變成現金的東西，都可以算成資產。例如家中有台XBOX，而筆者我現在缺錢，於是就是拍賣網站上賣掉，變成現金，而此時，這台XBOX就是資產。又例如家中有一些完全沒在用的鍋子，這時拿去拍賣網站上賣掉，這些鍋子也是資產，東西不管大或小，只要能夠賣出去，而且拿到到錢，就可以把這個物品當成是資產。

2-4-3

「資產的基本定義」

家庭理財資產的種類可以為幾類，如約當現金、銀行存款、應收款、預付費用、投資及不動產動產。

✅ 約當現金

這個是大家都很常用的，就是手頭上現金，實實在在在口袋內的硬幣或是紙鈔，而除了這個東西外，各位讀者注意到了沒有，筆者寫了「約當」，是什麼意思呢？就是這個項目內，除了實實在在的現金以外，還包含一些接近現金的科目，例如悠遊卡、Debit Card，為何說這些東西接近現金呢？相信大家都清楚，現金是放在口袋或是放在悠遊卡或其他卡片內，只要在所有現金的額度內，在那裡都能方便使用的都算。當然手上能存到悠遊卡或Debit內的現金也都算。

分類	概念	名稱	簡述
資產	約當現金	現金	口袋現金
		悠遊卡	現金存入卡片
		Debit card	現金存入卡片

✅ 銀行存款

　　銀行存款代表著比較常用的的幾個銀行戶頭，這些銀行戶頭，在工作上有可能是薪水轉帳進來的，也有可能是要投資股票用的，也有是專門拿來當定存用的，不管用途是什麼，全都算是銀行存款這區塊。以台灣的銀行來說，這個銀行戶頭內就有著大學問，如果是工作上，公司說要去開的戶頭，就可能有著薪水轉帳優惠，而如果是證券投資用的銀行帳戶，可能會享有銀行ATM或網路銀行轉帳減免的優惠，這些等等的優惠，依照每一間銀行所提供的不同，每個時期都會有不同的優惠，銀行存款常用帳戶的決定，其實每個人因人而異，而以筆者來說，因為筆者是一個網路銀行重度使用者，所以在選擇上，會以有較高利率且提存方便，又沒有轉帳手續費的銀行戶頭當作筆者主要集中的戶頭。這個銀行戶頭如果以太陽系來說，就算是大陽一般的存在，而其他的銀行戶頭，就好像水星、木星、地球等衛星的存在。

　　又以另一個角度來說，集中在一個主要戶頭，就好像是一個集中的蓄水池，其他的銀行戶頭，蓄水池旁邊有相連續的各個小蓄水區塊，而這個系統，在企業內統稱金流，在家庭理財稱之為家庭現金流。這個現金流與現金不同的地方，就是錢是存在銀行戶頭內，並不是放在口袋內或錢包內，這個部份是特別注意的。各位讀者不妨問問自己內心，自己是偏向那一些因素呢？筆者歸納了決定銀行戶頭的幾個關鍵因素，並自己填列一下想法，供想要在家庭理財方面有想要對自己內心想法有深層思考，提供一個考量方式。

▼ 選擇銀行存款戶頭評估表

項目	是/否	備註
比較有名氣	否	銀行都差不多
比較不會倒	否	只要選大間一點，都相對安全
存款利率較高	是	存款利率高關係家庭理財利息，非常重要
免提存手續費	是	因常用網路銀行，懶的跑銀行，故在提存手續費15元／次，更要計算內
提存領錢方便	是	領現金要方便，又免手續費，
優惠活動多	否	沒在注意活動
金融商品選擇多	否	
銀行服務好	否	網路銀行為主
卡片封面可愛圖樣	否	實用為主
不收帳管理費	是	有些銀行收帳管費，大雷
假日有開	否	網路銀行為主
繳錢方便 （水電瓦斯助學貸款）	否	不是很在意
有存褶	否	網路銀行為主

資料來源：本文整理

經過以上簡易評估分析後，大致就知道自己的需求在那裡，此時，再依照這個需求表，去選擇屬於讀者您自己理想的銀行，去開立銀行戶頭帳戶，想要更是貼近自己，事情做起來更是事半功倍了。

我們每個人在銀行戶頭這麼多，要如何把這些銀行好好的整理，就是一項不小的工程，這件事情在筆者一開始時也困擾了很久，最後，把銀行存款的功用，分門別類依照自己所需要的設計分類好，在一開始的名稱設定就清清楚楚後，其實就一目瞭然，以下筆者提供個人做法，供各位讀者參考，好好自己設計屬於自己的名稱吧。

分類	概念	名稱	簡述
資產	銀行存款	元大日常	日常生活領用帳戶
		凱基股票	投資股票帳戶－凱基
		兆豐股票	投資股票帳戶－兆豐
		犇亞股票	投資股票帳戶－犇亞
		渣打人民幣	投資人民幣帳戶
		台灣銀黃金	投資黃金帳戶
		永豐借款	向銀行借款帳戶
		華南薪轉	公司薪水轉帳帳戶

✅ 應收款

　　有時候，朋友家人間總是會有手頭緊的時候，好友來尋求求援，讀者您要不要救？我們先不談這個問題，而是，如果決定要救，朋友也願意還你，此時，這筆救援款，應該如何定義呢？此時我們就會把這種情況列入應收款，更直白的來說，就是我有一筆款還沒收回來，應該要收回來的錢，我只是暫時借而已這種概念。還有如果讀者是薪水階級，在年中或年終會有一筆獎金時，此時政府會有先把你的獎金扣一半起來，做為政府施政的款項，這筆款不是政府吃掉了喔，是先扣一半，隔年5月份繳個人綜合所得稅時，如果讀者在稅務申報後，你不用繳稅，這筆款項就會退到你的銀行戶頭去。

　　不用擔心，而在這中間期間，也是要用這個應收款的方式來記帳喔。另外，如果有在投資股票的讀者，在股票市場中，每年在上市櫃公司中，有蠻多公司都會除權息，就是大家常說的領現金股利或是股票股利，這就是公司在去年有賺錢，想說要回饋給股東，所以如果讀者有買上市櫃公司股票，又剛剛好那間公司有配股息，此時就可以領到股利。除此之外，因為公司有繳錢給政府，被政府課一次稅，而我們個人領到股利時，又被課一次稅，其實這樣是很不公平的，所以在整個稅法的制定上，就有設計一個補貼機制，把中間部份差額退給投資人，我們稱之為可扣抵稅額，這個稅額也會在隔年5月份課個人綜合所得稅時，退還給您，這個科目也是要計入應收的項目內。

　　如果讀者有在外面租房子，通常房東會要求要支付一筆押金

（在台灣通常是2個月租金），也就是說，如果要租房子，就是要先拿3個月租金出來（2個月押金及第1個月租金），而在帳務記錄上又如何處理呢？

　　由於此筆是屬於我們錢先拿出去給房東押金，所以在押金的想法上，是我們先付出去，如果退租時，房東就會把此筆押金退回來給你，這個我們會分成二個部份，第一部份是從現金科目到應收押金科目，這筆押金原本就是會還回來的，並不會付出去，所以在一開始的設定上，是屬於應收，也就是收回來的，所以在帳務處理上，請見下圖：

配合手機APP

如果租屋時期到了，或是讀者您不想租了，此時房東必定要把租屋押金還給您，這筆錢本來就是屬於您的，而我們在帳務處理上，就如下圖，各位會發現，這樣就差異就是把現金及應收押金的位置顛倒過來而己，差異上只是時間點而己。

分類	概念	名稱	簡述
資產	銀行存款	元大日常	日常生活領用帳戶
		凱基股票	投資股票帳戶－凱基
		兆豐股票	投資股票帳戶－兆豐
		犇亞股票	投資股票帳戶－犇亞
		渣打人民幣	投資人民幣帳戶
		台灣銀黃金	投資黃金帳戶
		永豐借款	向銀行借款帳戶
		華南薪轉	公司薪水轉帳帳戶

✅ 預付費用

　　就是有時候，我們在向電視台繳第四台費用時，常常會有一些方案，這個方案是屬於月繳，季繳，半年繳或者是年繳的方案，如果讀者您是採取年繳的方式（通常相對於月繳，單月看起來會便宜一些），由於是一次繳一年，實際上我們在帳上處理，是一個月一個月扣錢，所以在設定上，需要一個緩衝的科目來先記著，等到那個月份到來時，才會把當月費用給他扣掉，例如你在2018/1/1把2018整年度的第四台費用先付掉（以500元／月X12個月＝6,000元），在此時，我們在家庭理財記錄中會如何進行帳務處理呢？首先這個6,000元是付2018年的整年費用，所以在帳務處理上，我們會把這6,000塊先計入到預付費用的科目內，這個科目還是屬於資產科目，還不算真的花出去的，而讀者可能會問，如何記呢？在帳務處理人上，如果是用現金付2018年整年度費用，我們會先用下圖方式記。

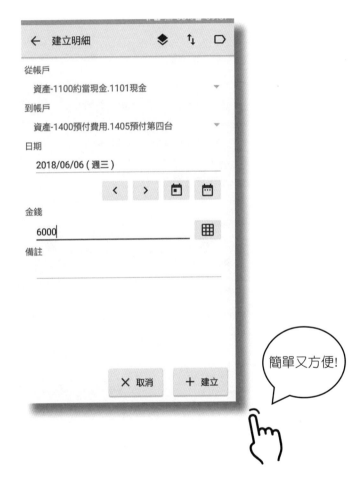

簡單又方便!

此時代表的意思，就是手頭上的現金，先記到預付費用科目中，這時只是在資產類科目互轉而己，並還沒有把2018/1的支出算進去，而真正把2018/1第四台費用算進去當月份數字，就要用下圖方式記入。

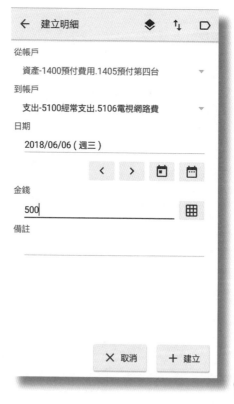

這個意思就是表示從資產—預付費用帳戶在2018年1月花費了500元的電視網路費（筆者把第四台費分類為電視網路費），這才實實在在的記入支出中。

在以上的例子中，列出在預付費用眾多一項的支出來與各位讀者分享，在家庭理財的概念中，這個預付費用是指如果有提前先把一個月以上的費用先付掉了，實際上我們在當月份，其他月份其實還沒有到，就不需要一次把費用全部計入，這樣對家庭理財的帳務來說，是沒有太大意義的，我們知道，這個概念並不限於第四台而已，像網路費、保險費、社區停車位費用等，都是一個比較長期的繳費（通常可選一年），而在實際上雖然讀者你先把一年的費用付出去（通常會比月繳便宜一點），在帳務的處理上，還要考量時間上的差異性，差異性是指，你先付一年的錢，實際上錢是一個月一個月扣，我們通常不會把一整年的錢，扣在一年中某一個月，這樣會讓某一個月的支出，出現爆增的情形，這情形並不符合我們實際上狀況，而只有每個月來支付，才能做到帳務與實物一致。

分類	概念	名稱	簡述
資產	應收款	應收款－XX（某人）	借某人錢要收回來的
		應收款－政府預扣款	政府先扣錢，再還給您
		應收款－股息	預計會收到的股利
		應收款－可扣抵稅額	政府二稅合一的扣抵額
		應收款－押金	租房子要還我們的押金

投資

　　相信有在投資的朋友或是想要投資的朋友，會發現各大證券商在股票買賣的系統上，其實都建置一個非常完整的投資損益的系統，在系統上，可以很明確的看出每日都交易金額，交易那一檔股票，及這此筆交易的損益金額。是的，如果讀者你在市場上有看過相關的書籍，大致都是教導您如何計算基本損益啊……接著把一大堆數學公式拿出來，東算算西算算，最後，讀者也搞不清楚，索性就心想，這麼麻煩，還不只如此，如果讀者在家庭的概念中，只有一個股票投資的帳戶也就算了，在實際上操作上，股票操作戶頭可不會只有一個，以家庭的角度來看，是會有數個帳戶在做使用，有些是買股票，有些是拿來抽股票，有些是買期貨及選擇權，讀者可能會問，為何會開這麼多戶頭來操作股票呢？是的，筆者深有同感。然而實際上，我們在生活中，在開證券戶頭也會有很多的考量，來決定到底要使用那些證券戶頭做那些事情，有些證券商因為在市場夠大，所有在信用戶（可以融資融券）的支援上，可以強力支援，就是市場上要使用融資融券是可以提供很多量，如果讀者想使用，基本上是不會有缺乏的情形但是證券交易手續費收的費用蠻高的，當然，也有證券交易手續費收的費用收的很低，但是市場上信用戶（可以融資融券）的支援，通常是很少量。也有另一個就是有些證券商在系統的建置上，充份補助可以買賣美國及歐美及中國相關的股票，即時的連線就可以買賣國外的股票或基金等，在系統面提供投資人在全世界的股市買賣上，有著相對充份的選擇，但是可能系統就會搞的很複雜，讓人不容易懂，而有些證券商，在系統安排上，簡單，方便操作，缺點呢？就是只能投資台灣股市。每一

個證券商的特性不同，而讀者您是屬於那一種類型的投資人呢？在這個世界上，每一件事情只要適合每位讀者，就是對的，在而證券商的選擇上，筆者提供以下評估表，讓讀者思考自己是那一種類型，最後，筆者也會提供自己的觀點，供各位讀者參考。

▼ 選擇投資證券商評估表

項目	是／否	備註
比較有名氣	否	政府列管
比較不會倒	否	政府列管
投資交易手續費低	是	手續費涉及投資成本 直接影響獲利表現
優惠活動多	否	無多餘時間
金融商品選擇多	否	只限投資台灣
營業員服務好	否	網路APP交易為主
有錢才能買股票（圈存制）	是	控制股票投資風險
今天買股票2天後扣錢	否	如果多買還要補錢麻煩
服務據點多	否	網路APP交易為主 據點不是重點
提供電腦及手機下單	是	網路APP交易為主
下單介面	是	試用看看不討厭就好

為何要先講證券商呢？主要原因是現在網路上其實很多都是在比較證券商手續費便宜的文章，也有很多手續費文章的比較文。證券商手續費便宜這件事，對筆者來說也是考量重點之一，而以上的評估表主要是提供各位讀者另一個角度思考，除了手續費低以外的因素外，還是有蠻多因素是需要被考量的。除了成本外，筆者也提出一些實際操作上；和營業員的服務上；又或是對於證券商品牌的喜好上等等的心理因素，這些因素都和投資股票獲利上有著直接或間接的關係。試想，今天如果在系統下單介面上，一直不是讀者您喜歡且習慣的介面（有人喜歡簡單型，有人喜歡複雜型），投資股票是要有一個可以專心思索的，相對干擾也要少的介面，這樣在進行投資股票決策時，才不會很容易受到影響。如果讀者在心裡每次操作這個介面，心中總會冒出來一些怪怪的感覺，這時候就連帶會影響投資損益。筆者認為這樣並不符合投資目標，故提供以上的評估表，請讀者可以問問自己，能接受的程度為何，才能為您的股票投資獲取最大利潤。

以下表格針對資產分類中，投資項目進行科目設定，各位讀者可能發現到了，在名稱方面其實投資及銀行存款有相同的地方，究竟有何不同呢？

分類	概念	名稱	簡述
資產	投資	凱基股票	投資股票帳戶－凱基
		兆豐股票	投資股票帳戶－兆豐
		犇亞股票	投資股票帳戶－犇亞
		儲蓄險	在銀行買的儲蓄險金額
		賣書專案	家中無用書籍銷售

筆者先以銀行存款－凱基股票及投資－凱基股票特別說明，這兩個科目雖然名稱都是凱基股票，實際上代表的意義完全不同，銀行存款－凱基股票代表的是我們這筆錢是在凱基銀行戶頭中，主要是投資股票的錢，此時這筆錢是在銀行中，投資－凱基股票則代表的是凱基證券戶中我們買的股票，此時這個金額，所代表的是投資股票的成本，並不是錢放在戶頭中喔，這點要請大家分清楚喔，筆者列出相關表格供大家了解。

	銀行存款－凱基股票	投資－凱基股票
錢在那裡	銀行戶頭中	所買股票成本
性質	新台幣	各類股票或債券

接下來我們談談投資是如何記帳的呢？同各位讀者提到我們在投資時所使用的交易軟體，其中必定要幫忙我們了解，在本次投資獲利中，是獲利呢還是虧損呢，在交易軟體都會依照日期顯示出來。

請見下圖：

	證券庫存	即時淨收付	庫存損益試算	本日損益試算

帳號 | 6012-003420-4陳政毅 | ▽ | 股號 | | 碼

○ 月委託 | 201710 | ▽ | ○ 區間委託 | 2017 | ▽ | 年 | 09 | ▽ | 月

代碼	名稱	成交日	類別	股數	成交
2456	奇力新	2017/09/04	融資賣出	4,000	88
3484	崧騰	2017/09/04	融資賣出	10,000	37
2456	奇力新	2017/09/05	現賣互抵	6,000	92
3689	湧德	2017/09/29	現股賣出	1,000	53
3689	湧德	2017/09/30	融資賣出	2,000	54
小計					

至 | 2017 ▽ | 年 | 10 ▽ | 月 | 03 ▽ | 日

面收入	投資成本	損益	報酬率%	明細
59,719	129,076	30,643	23.74	明細
33,959	163,091	-29,132	-17.86	明細
52,426	534,026	18,400	3.45	明細
3,228	58,313	-5,085	-8.72	明細
1,129	47,926	-6,797	-14.18	明細
40,461	932,432	8,029	0.86	

在家庭理財的實務上，通常不會只有一個證券商戶頭，所以在記載上，我們需要一個記錄著家庭理財投資的總表，以整合性的概念，把整個家庭在投資股票方面有一個整體面的了解，是以，筆者透過一個Excel表進行整體管理，請見下圖：

▼ 2017投資總損益一覽表

類型	獲利月	帳戶	名稱	多空	損益金額	損益%
股	106.9	犇亞	奇力新	多	30,643	
股	106.9	犇亞	崧騰	多	(29,132)	
股	106.9	犇亞	奇力新	多	18,400	
股	106.9	犇亞	湧德	多	(5,085)	
股	106.9	犇亞	湧德	多	(6,797)	
股	106.9	兆豐	群電	多	269	

類型代表的是本次投資是何種類型，例如股票、債券、權證、期貨或選擇權等等，都可自行定義。

獲利月

這個月份非常重要，我們在進行家庭理財記帳時，每一個月份的獲利都要記錄的，所以這個欄位對於家庭理財相當重要。

帳戶

代表每個投資股票的戶頭，像筆者的範例中，就是有犇亞及兆豐等證券戶頭，而讀者可依自己常用的證券商戶頭，來做記錄。

✅ 名稱

代表投資股票的名字，這個名稱也是相當重要，筆者發現，每個人在投資方面，特別對某一些股票，獲利的機率是比較大的，如果讀者有興趣，可以使用此表格，自己分析一下自己投資的股票，相信可以發現有趣的事情唷！

✅ 多空

在操作股市方面，我們有時會持有股票，等待股票上漲，更有時，會使用信用戶融券，不看好那檔股票，利用融券方式賣出股票，而這個欄位，就是可以統計，究竟讀者在投資方面，是使用持有股票的多還是券賣股票的多，分析一下屬於自己擅長方式，才能在股市無往不利。

✅ 損益金額

這個可以說是投資股票最重要之數據，究竟我們在市場上，是一路上過關斬將，還是節節敗退，就是看這個損益金額了，而偏偏我們在家庭理財最重要數據之一，就是這個數據，由此，筆者將以上圖為案例，說明如何將這些數據，記入我們的每日記帳本APP。

主要	報表

新增明細　　日明細列表　　周明細列表　　月明細列表

年明細列表　　帳戶管理　　帳本管理　　資料維護

喜好設定　　如何使用

操作很容易~

投資基本科目設定

　　接下來我們談談，如何把投資損益計入每日記帳本中，在計算投資時，基本上就是兩個結果，獲利及損失。獲利固然令人開心，但也要小心投資獲利後的過於自信，產生非理性的損失，損失雖然讓人感覺沮喪，要記得，如果未經損失，如何能知獲利的珍貴。而要做家庭理財投資區塊的第一步，我們需先了解家庭中目前有那一些投資，就如上面段落在介紹是股票投資，也有可能

是向銀行買的儲蓄險，也有可能是賣書等一次性入的投資，都可以算入投資的概念中，所以讀者需要大略性的了解自己有那一些投資管道，以筆者為例，基本上分為三大類，股票、儲蓄險、賣書專案等，在介紹完有這三類（股票、儲蓄險、賣書專案）後，我們就會進入每日記帳本介面中，點選「帳戶管理」。進入介面後選「資產科目」。

　　在資產科目按「新增」 開始建立屬於讀者你自己的投資科目，以筆者為例，基本上設定資料如下：

1500投資.1501凱基股票
初始值：0　　　　　　　　C-1500投資.1501凱基股票
1500投資.1502兆豐股票
初始值：0　　　　　　　　C-1500投資.1502兆豐股票

1500投資.1504儲蓄險
初始值：0　　　　　　　　C-1500投資.1504儲蓄險
1500投資.1505賣書專案
初始值：0　　　　　　　　C-1500投資.1505賣書專案

為何要設1500，這個1500是代表投資這個項目的排列，因為每日記帳本提供一個非常自由Style使用的環境，全部科目都可以自己設定，也因為如此，只要有其中名稱有一字之差，就會與讀者您所想天差地遠，（也就是這個科目不會依序排列）。

▼ 2017投資總損益一覽表

類型 ▼	獲利月 ▼	帳戶 ▼	名稱 ▼	多空 ▼	損益金額 ▼	損益% ▼
股	106.9	犇亞	奇力新	多	30,643	
股	106.9	犇亞	崧騰	多	(29,132)	
股	106.9	犇亞	奇力新	多	18,400	
股	106.9	犇亞	湧德	多	(5,085)	
股	106.9	犇亞	湧德	多	(6,797)	
股	106.9	兆豐	群電	多	269	

而阿拉伯數字提供一個很方便排列簡單索引，當然依讀者需要也可以設定成您想要的數字，主要的目的在於可以在報表上可以排序美觀，順眼。

　　而再來看看1501凱基股票，這個是指在1500投資項目下面的第一個投資戶頭，這是在凱基銀行開戶，專門操作股票所用，1502兆豐股票，就是指在1500投資項目下，第2個投資戶頭，在兆豐銀行開戶，專門操作股票所用，1504儲蓄險指是投資項目下第4個投資戶頭，專作為儲蓄險投資用的，1505賣書專案，指的是1500投資項目下，第5個投資戶頭，針對一次性賣書專案所設，如果書籍有賣出去就會列入這筆投資收入裡面。

　　記載自己的損益資料：

代碼	名稱	成交日	類別	股數	成交價	帳面收入	投資成本	損益	報酬率%	明細	自訂投資成本	新投資成本
2456	奇力新	2017/09/04	融資賣出	4,000	88.70	159,719	129,076	35,154	21.14	明細		
3484	崧騰	2017/09/04	融資賣出	10,000	37.55	133,959	163,091	-29,132	-17.86	明細		
2456	奇力新	2017/09/05	現股賣出	6,000	92.30	552,426	534,026	14,400	2.57	明細		
3689	湧德	2017/09/29	現股賣出	1,000	53.40	53,228	58,313	-5,085	-8.72	明細		
3689	湧德	2017/09/30	融資賣出	2,000	54.90	41,129	47,926	-6,797	-14.18	明細		
小計						940,461	932,432	8,673	0.86			

以筆者上圖股票投資損益為例，在犇亞投資帳戶中，投資奇力新有一個獲利30,643元，我們要如何把這筆投資收入計入每日記帳本中呢？請見下圖：

我們會看到在建立明細上。

第一個欄位「從帳戶」是收入－4200非經常收入。4202投資，這個意思是我們透過投資奇力新這檔股票，有一筆收入的，

而這筆收入是屬於投資獲得的利益，型式上是屬於非經常收入，所以筆者在整科目上，就寫的相當詳盡。

第二個欄位「到帳戶」，資產-1200銀行存款、1207犇亞股票，這個項目意思是我們透過第一個欄位得到一筆收入，而這筆收入的錢是存在那一個銀行帳戶中，依筆者例子來說，就是存入犇亞證券的銀行戶頭中。

第三個欄位「日期」這是代表說何時有這筆收入，這個我們在上圖中，有一個獲利月，這個記錄就可以大約記入獲利月份而己，這個獲利月份可以依自己需要自行決定，像筆者基本上以年度來看整個投資狀況，所以基本上這個獲利會一直變動，對讀者來說，如果覺得每個月記太複雜，其實可以參考筆者的方式，採用年度累計的角度，對於記帳會更得心應手喔。

第四個欄位「金錢」這就是是指奇力新本次投資中，獲利多少金額，以我們例題來說，數字上就可以輸入30,643，

第五個欄位「備註」這個欄位是一個很Free的欄位，所有讀者想要記載及發現的小心得，都可以在這個欄位中記載，筆者通常在這個欄位很少記載什麼，通常是留空白。

經過以上五個欄位建立名細後，我們可在收入的明細中，就得到以下相當清楚的奇力新投資入的明細。

4202投資 2017/01/01 到 2017/12/31(4)

1200銀行存款.1207奔亞股票	$30,643
2017/10/07 週六,	< 4200非經常收入.4202投資

是的各位讀者，經過以上步驟，基本上我們已經把投資所得到的收入，由股票投資系統中的損益科目，透過Excel整合各投資帳戶戶頭資訊後，再整體記入每日記帳本科目中，這樣我們就可以很清楚透過每日記帳本，來知道截至當下為止，我們究竟在投資的項目中，獲利或損失金額總合就可以清清楚楚了。

是不是很簡單呢，筆者依自己操作的經驗來看，只要依照這些步驟，並持續更新，讀者們只要手上有一台裝載每日記帳本APP的智慧型手機，隨時隨地就可以知道自己今年度或是從投資開始記錄所有的投資損益總金額，當然，如果要分析細項是那一些投資獲勝利較高，則要從Excel來進行分析，不過智慧型手機的功用對筆者來說，就是一個能夠很快就能獲取即時資訊，電腦的功能性就是提供一個細項分析的工具，所以正是所謂各盡其用，也請各位讀者能夠了解，好好善用工具，來完成整理資產的任務。

✅ 不動產及動產

我們知道，在家庭理財的整體規劃上，最普遍的就是會面對要購買不動產及動產。不動產普遍來說，就是買房子，通常這個部份不是只有買屋子而己，通常還會購買土地。這在買房子的整個流程中，最終就是會得到土地謄本及房屋謄本。而動產呢?在家庭的動產組成來說，就是以買車子來當作動產最主要之資產之一，或許讀者會問，不動產及動產也有可能是投資的項目之一。為何筆者特地把不動產及動產分出來呢?這個部份筆者主要考量因素，是因為家庭理財中，主要的被動投資操作，是以操作投資股票為主，不動產及動產的特性主要是提供家庭一個穩健重要的基石，這個基石可以維持家庭的基本運行穩定。另外一個角度來說，由於不動產及動產是屬於金額較大的投資行為，筆者認為有必要特別把這個項目分開出來，特別做一個科目來好好控管，畢竟家庭理財要分的清楚，對自己在家庭理財計劃才能維持穩定成長及控制。

✅ 不動產及動產基本科目設定

接下來我們談談，如何把不動產及動產損益計入每日記事本中，在計算投資時，基本上就是兩個結果，獲利及損失，獲利固然令人開心，但也要小心投資獲利後的過於自信，產生非理性的損失，損失雖然讓人感覺沮喪，要記得，如果未經損失，如何能知獲利的珍貴。

我們就會進入每日記帳本介面中，點選「帳戶管理」。

主要	報表

新增明細　　日明細列表　　周明細列表　　月明細列表

年明細列表　　帳戶管理　　帳本管理　　資料維護

喜好設定　　如何使用

一起來記帳

進入介面後選「資產科目」。

　　在資產科目按「新增」開始建立屬於讀者你自己的投資科目，以筆者為例，基本上設定資料如下：

1600不動產動產.1601房產-桃園
初始值：0　　　　　C-1600不動產動產.1601房產-桃園

1600不動產動產.1602房產-高雄
初始值：0　　　　　C-1600不動產動產.1602房產-高雄

1600不動產動產.1603車Sentra
初始值：0　　　　　C-1600不動產動產.1603車sentra

為何要設1600，這個1600是代表投資這個項目的排列，因為每日記帳本提供一個非常自由Style使用的環境，全部科目都可以自己設定，也因為如此，只要有其中名稱有一字之差，就會與讀者您所想天差地遠，（也就是這個科目不會依序排列），而阿拉伯數字提供一個很方便排列簡單索引，當然依讀者需要也可以設定成您想要的數字，主要的目的在於可以在報表上可以排序美觀、順眼。

　　而再來看看1601房產-桃園，這個是指在1600不動產動產項目下面的第一個戶頭，這筆不動產是在桃園購買所用，故在後面標誌桃園。1602房產-高雄就是指在1600不動產動產項目項目下，第二個戶頭，這筆不動產是在高雄購買所用，故在後面標誌高雄。1603車Sentra指是不動產動產項目下第三個戶頭，是指家庭中有購買車子，所以才建立這筆科目。

　　在整個家庭理財的行為中，購買不動產是中國人傳統理財行為，故買一間房子是一件很重要的事情，在上面整理生活章節中，筆者有約略敘說有關購屋的一相評估方式，讀者如需參考，也請至上面章節參考，接下來要介紹如何具體化實現在每日記事本記載。

　　我們知道，在進行買房子及持有一間房子的程序中，會有很多相關的費用，筆者以台灣市場為例子，來說明基本上可能有時相關費用，提供讀者有一個基本了解。

▼ 買屋稅費總覽

類別	買方應繳稅費	備註
產權移轉時應繳稅費	契稅	買賣：契價*6%
	印花稅	公契所載價格*0.1%
	買賣登記規費	● 土地以當年度申報地價總額千分之一計收。建物以當年度評定現值千分之一計收。書狀費用每張 80 元。
	登記簿謄本費	
持有產權時稅費	地價稅	以交屋日為準
	房屋稅	天數比例分攤
產權移轉代書費	買賣過戶登記代書費	● 每件以土地一筆、建物一棟為一件，增加一筆(棟)將加收費用，每件12,000 元（另簽約費買賣雙方各1,000 元）
申辦貸款相關費用	設定登記規費	
	登記簿謄本費	
	住宅火險及地震險	
	設定登記代書費	設定登記以一個順位唯一件
	銀行徵信查詢鑑價費	依銀行實際收費
	貸款開辦手續費	依銀行實際收費
其他費用	水電、瓦斯、管理費	以交屋日為準按天數比例分攤
	公共基金、公共修繕費	依契約約定

資料來源：群義房屋網頁。

記載自己的損益資料：

接下來我們來談談，筆者是如何就不動產及動產來進行損益資料呢？

在筆者的概念中，不動產及動產其實存在一個特性，就是有一個固定性的特質，相較於我們剛剛在前面提到的「投資」而言。**我們並不會今天買了不動產及動產，一星期後就把不動產及動產賣掉了，所以筆者在這個前提下，並不會像投資的科目一樣，每月每季去計算損益數，因為這個損益數字對筆者來說是意義不大的，並沒有實際上發生的獲利損失，實際的錢也沒有進口袋，所以筆者在不動產及動產的帳務會與投資項目不同。**

筆者在不動產及動產的帳務方式，是採取資產項目的增減，什麼意思呢？簡單的說，筆者並不會把不動產或動產的費用，都當成一個支出來看。舉例來說，如果持有房子的各位讀者都會瞭解，政府對於房屋其實有多稅費，就如上面所提買屋稅費或是，持有房屋會有地價稅及房屋稅（因為我們買房，是持有土地及房屋，故有兩種稅費計算），如果不動產是社區大樓，通常會要支付管理費用，這麼多零零總總的費用，依照一般的記帳作法，就直接列一個費用（請參照上章整理支出），筆者認為依照此種方式並不恰當，故是採取第二個方案，資產項目的增減，用專案的方式來計算。

一開始我們會建立一個資產項目（請見上面），這個資產項目假設是500萬，這表示這間房子當時買的價位是500萬元，而不管在買進這間房或是持有這間房，期間所有的收入支出，都只計入這個科目就好。

如何計入呢，其實很容易，只要是期間所有的收入支出，我們在不動產動產科目的列入上，就要把費用加上去，這個代表這筆不動產的成本增加，更直白的説，就是這間房子所有有關的花費，總total花了我多少錢，就把所有相關支出都加上去，當然，如果持有房子期間，有一些收租或其他收入，當然也可以把這筆錢減除，總之就是把這個房子單獨計算，不和家庭其他項目統一計算，這個樣有一個好處，專門列管帳務清楚明瞭，筆者列出一些有關不動產資產加項或減項的項目的參考，供各位讀者參考。

類別	項目	備註	資產加項或減項
持有產權時收入	租金收入	依市價行情	（－）
產權移轉時應繳稅費	契稅	買賣：契價＊6%	（＋）
	印花稅	公契所載價格*0.1%	（＋）
	買賣登記規費	土地以當年度申報地價總額千分之一計收。建物以當年度評定現值千分之一計收。書狀費用每張 80 元。	（＋）

類別	項目	備註	資產加項或減項
產權移轉代書費	買賣過戶登記代書費	每件以土地一筆、建物一棟為一件，增加一筆(棟)將加收費用，每件12,000元（另簽約費買賣雙方各 1,000 元）	（＋）
申辦貸款相關費用	設定登記規費	依銀行實際收費	（＋）
	登記簿謄本費	依政府實際收費	（＋）
	住宅火險及地震險	依銀行實際收費	（＋）
	設定登記代書費	設定登記以一個順位唯一件	（＋）
	銀行徵信查詢鑑價費	依銀行實際收費	（＋）
	貸款開辦手續費	依銀行實際收費	（＋）
持有產權時稅費	水電、瓦斯、管理費	以交屋日為準按天數比例分攤	（＋）
	公共基金、公共修繕費	依契約約定	（＋）
	地價稅	每年11月繳納	（＋）
	房屋稅	每年5月繳納	（＋）
	利息支出	每個月繳納	（＋）

在有一些瞭解後，筆者提供自己記帳型態，供各位讀者在進行屬於自己的家庭理財實務進行過程中，有一個明確可供參考的範本，請各位讀者見下圖：

1601房產-桃園 到 2017/10/31(142)	
1600不動產動產.1601房產-桃園	$845
2014/12/15 週一, 貸款利息　< 1200銀行存款.1201一信房貸毅	
1600不動產動產.1601房產-桃園	$8,125
2014/12/15 週一, 貸款本金　< 1200銀行存款.1201一信房貸毅	
1200銀行存款.1212日盛銀行毅	$16,000
2014/12/05 週五, 租金收入　< 1600不動產動產.1601房產-桃園	
1600不動產動產.1601房產-桃園	$845
2014/11/13 週四, 貸款利息　< 1200銀行存款.1201一信房貸毅	
1600不動產動產.1601房產-桃園	$8,125
2014/11/13 週四, 貸款本金　< 1200銀行存款.1201一信房貸毅	
1200銀行存款.1212日盛銀行毅	$16,000
2014/11/05 週三, 租金收入　< 1600不動產動產.1601房產-桃園	
1600不動產動產.1601房產-桃園	$344
2014/11/04 週二, 地價稅　< 1100約當現金.1101現金	
1600不動產動產.1601房產-桃園	$845
2014/10/18 週六, 貸款利息　< 1200銀行存款.1201一信房貸毅	
1600不動產動產.1601房產-桃園	$8,125
2014/10/18 週六, 貸款本金　< 1200銀行存款.1201一信房貸毅	
1200銀行存款.1212日盛銀行毅	$16,000
2014/10/18 週六, 租金收入　< 1600不動產動產.1601房產-桃園	
1600不動產動產.1601房產-桃園	$845
2014/09/15 週一, 貸款利息　< 1200銀行存款.1201一信房貸毅	
1600不動產動產.1601房產-桃園	$8,125
2014/09/15 週一, 貸款本金　< 1200銀行存款.1201一信房貸毅	
1200銀行存款.1212日盛銀行毅	$16,000
2014/09/10 週三, 租金收入　< 1600不動產動產.1601房產-桃園	

了解自己的財務

分類	概念	名稱	簡述
資產	不動產動產	房產－A	所購置房產－地點A
		房產－B	所購置房產－地點B
		車	所購置的車

「如何整理家庭理財資產」

　　在家庭理財資產方面，包含了很多面向，與企業的資產相較起來，家庭方面其實簡略了許多，故在資產整體綜合檢視來看，可以看幾個方向來分類，分別是現金、銀行存款、應收款、預付費用、投資及不動產動產6大類，這六大類幾乎包含了整個家庭理財的範圍，基本上建立此6大類的基本設定，相信各位讀者在整理家庭理財資產方面，更容易能完成這項整理家庭理財資產任務，筆者依資產相關分類，整理資產相關表格，提供各位讀者明確的參考依據，請見下表：

分類	概念	名稱	簡述
資產	約當現金	現金	口袋現金
		悠遊卡	現金存入卡片
		Debit card	現金存入卡片
	銀行存款	元大日常	日常生活領用帳戶
		凱基股票	投資股票帳戶-凱基
		兆豐股票	投資股票帳戶-兆豐
		犇亞股票	投資股票帳戶-犇亞
		渣打人民幣	投資人民幣帳戶
		台灣銀黃金	投資黃金帳戶
		永豐借款	向銀行借款帳戶
		華南薪轉	公司薪水轉帳帳戶
	應收款	應收款－XX(某人)	借某人錢要收回來的
		應收款-政府預扣款	政府先扣錢，再還給您
		應收款-股息	預計會收到的股利
		應收款-可扣抵稅額	政府二稅合一的扣抵額
		應收款-押金	租房子要還我們的押金
	預付費用	預付網路費	網路費付款選超過一個月方案
		預付保費	保險費付款選超過一個月方案
		預付手機費	手機預繳付款選超過一個月方案
		預付第四台費	第四台付款選超過一個月方案
		預付機車位	機車位付款選超過一個月方案
	投資	凱基股票	投資股票帳戶-凱基
		兆豐股票	投資股票帳戶-兆豐
		犇亞股票	投資股票帳戶-犇亞
		儲蓄險	在銀行買的儲蓄險金額
		賣書專案	家中無用書籍銷售
	不動產動產	房產－A	所購置房產-地點A
		房產－B	所購置房產-地點B
		車	所購置的車

第 5 節
整理負債

環境與物品正是我們內心的投影，整理環境與物品等於整理我們的心。

「為何要整理負債」

現在這個社會充滿了各式各樣的誘惑，各式各樣的廣告在街上、電視上、網路上、還有手機上琳瑯滿目。

這個從五花八門的化妝保養品到五彩繽紛的衣服飾品、日新月異的3C產品到破百萬的名貴轎車，無一不讓人流連忘返、無法自拔而過度消費。等回過頭來，才發現只能每天被過度消費而帶來的負債窮追不捨，不過幫朋友辦個幾張信用卡，信用卡越來越多；偶爾去吃吃美食、出國旅遊，怎麼最低應繳金額還繳不出來？

這些不自覺的負債，一步步讓你深陷其中，唯有面對負債，著手整理負債，強化家庭理財執行心態，進行把負債解決掉，才能讓各位有自在的人生。

「負債的基本定義」

在負債這個項目，泛指是向別人借錢，這個向別人借錢，有可能向銀行借、向家人借、向地下錢莊借、也有以信用卡預支一個額度（借款上限，如果繳錢正常，不用支付利息），在沒有把錢還清以前，都算是一個負債的型式。

2-5-3

「為何要整理負債」

　　簡單來說，家庭負債可分為四大類有信用卡、應付款、預付費用及貸款。

 信用卡

　　銀行提供你個人一個總額度，例如50,000元，在這個額度內可以讓你使用，可以用這個方式刷卡，只要在結帳日前刷（如每月25日以前，今天你在24號刷，就可以在下個月15號才付款），信用卡可以有延後付款的特性。

　　筆者通常會在簡述上，依信用卡別列入結帳日及付款日，並依銀行類別分類，這樣就更容易目視化管理整個信用卡的整體情況。

分類	概念	名稱	簡述
負債	信用卡	信用卡－A	元大信用卡227－A銀行
		信用卡－B	國泰信用卡624－B銀行
		信用卡－C	富邦信用卡196－C銀行

 應付款

應付指的是你向朋友或家人借一筆錢,約定會還錢,只是暫時借來用,又或者是你有固定幫朋友代收一筆錢,到時要再還給朋友或家人的,都可以算在應付款。總而言之,這筆錢只是你臨時拿在手中,並不是真正屬於你的錢,到時要還給朋友的。

分類	概念	名稱	簡述
負債	應付款	應付款－A	應付－家人A
		應付款－B	應付－朋友B

預收費用

通常會用在如果有房子出租給房客情形,通常有出租給房客,就會有一筆2個月押金,這筆錢是房客提供的,主要是因為房子是房客在用,我們不能強制進去房客住的地方,也不知道房客會對房屋內的何種物品做何種事情,所以收一筆押金確保房屋的安全。另一方面也是避免說房客付不出押金時可以抵用,又或者是如果房客連2個月押金都拿不出來,就要考慮要不要租給這位房客了。

分類	概念	名稱	簡述
負債	預收費用	預收押金－桃園	桃園房客2個月押金
		預收押金－高雄	高雄房客2個月押金

貸款

一般而言，在有關銀行方面的相較於信用卡給額度，貸款是更直接的把錢借給你，大約可分為房貸及信貸兩種。

房貸是我們在資產科目有提過不動產及動產，一般而言，動產通常是要貨款，也就是買房子通常要貸款，在買房自備款通常要自己拿2成現金出來，而其8成是向銀行借款，那銀行為何要借你錢，就是因為你有一間房子，銀行會估算說如果你還不出錢來，就可以把房子賣掉，銀行至少也不會賠太多，借你的錢的本錢還拿的回來，所以才會借你錢，銀行這筆錢就是房貸。

信貸指的是向銀行借錢，只不過是用自己的信用向銀行借錢，銀行是很現實的，如果你不是在上市上櫃公司工作、三師（會計師、律師、醫師）等等較有固定現金流等的工作，銀行會依你的個人信用條件下去審核，來決定要借你多少錢，依目前金管會的規定是不能超過月薪的22倍（例如50,000月薪X22＝1,100,000）就是你個人借款的最高額度，不管你向那一間銀行借，總上限就是110萬。

分類	概念	名稱	簡述
負債	貸款	富邦房貸－桃園	桃園房產的房貸-富邦銀
		台銀房貸－高雄	高雄房產的房貸-台銀
		遠東信貸	個人信貸向遠東銀行借
		凱基信貸	個人信貸向凱基銀行借

「如何整理家庭理財資產」

筆者統整以上有關負債的説明，請參下表：

分類	概念	名稱	簡述
負債	信用卡	信用卡－A	元大信用卡227－A銀行
		信用卡－B	國泰信用卡624－B銀行
		信用卡－C	富邦信用卡196－C銀行
	應付款	應付款－A	應付－家人A
		應付款－B	應付－朋友B
	預收費用	預收押金－桃園	桃園房客2個月押金
		預收押金－高雄	高雄房客2個月押金
	貸款	富邦房貸－桃園	桃園房產的房貸-富邦銀
		台銀房貸－高雄	高雄房產的房貸-台銀
		遠東信貸	個人信貸向遠東銀行借
		凱基信貸	個人信貸向凱基銀行借

另外，由於信用卡及貸款這兩種類型，在對家庭理財上影響挺大的，故筆者針對此信用卡及貸款，設定相關管理報表進行管控，並定期檢視這些報表，充份發揮管理上的效用，請各位讀者參下圖：

▼ 信用卡管理報表

序號	卡別	結帳日	付款日	應繳總額
1	元大鑽金	22	7	2,049
2	永豐鈦豐	26	10	0
3	上海頂好	2	15	0
4	玉山小叮噹	7	22	800
5	兆豐歡喜	6	24	0
6	富邦數位	8	24	5,132
8	凱基白金	19	6	500
總計				8,481

▼ 貸款管理報表

貸款銀行	性質	原借額	年期	欠款
台灣銀行	房貸	10,000,000	30	9,551,7
台新銀	信貸	600,000	7	390,08
淡水一信	房貸	5,500,000	20	5,247,6
凱基銀	信貸	900,000	7	723,64
富邦銀	信貸	400,000	7	134,85

扣款日	利率	期限	綁約	綁約到期
每月5日	1.72%	2014/03/07-2044/03/07	無	2014/3/7
每月10日	3.99%	2015/02/10-2022/02/10	1.5年	2016/8/10
每月13日	2.10%	2014/02/13-2034/02/13	3年	2017/2/13
每月20日	3.41%	2016/04/20-2023/04/20	2年	2018/4/20
每月24日	4.68%	2015/03/24-2022/03/24	1年	2016/3/24

第 6 節

整合出專屬您的家庭理財三大表

　　相信各位讀者經過以上對於各個項目單一簡介後，對於我們本書的重頭戲才正要開始，對於損益表而言，我們不是公司企業，不用過多的科目來評估，但是也不是說依照自己簡單的想法，就想說損益表就簡單幾個科目加加減減而已。對筆者來說，這是一個有沒有認真用心的問題，如果只是抱持著加減作的想法，是沒辦法和真正實際上的家庭理財產生關連，也就是說，如果只是看看這本家庭理財書，卻不去行動，這樣對讀者們是沒有幫助的，本書的主要目的就是希望透過一步一步的教學，讓您完成屬於你自己家庭理財報表，讓我們開始吧。

「做出屬於您自己的家庭理財損益表」

　　家庭理財損益表由兩大成份所組成，收入及支出是這個損益表的重要組成份子，在我們第2－2章及2－3章已經詳細介紹了收入及支出的各個單一科目，接下來我們就是要整合這兩項資訊，讓這個資訊成為您家庭理財的重要大將之一。那要組合整合呢？我們要有個基本概念，就是損益表所要的目的是什麼？主要是要算出你這個月是有剩錢還是吃老本，有剩錢就可以存起來或做其他理財運用；如果是吃老本就是把你目前有的錢一步一步的減少。

收入減支出＝（正值）	有存錢	存起來或做其他理財運用
收入減支出＝（負值）	吃老本	目前有的錢一步一步的減少

　　而透過我們的每日記帳本，可以輕輕鬆鬆的完成這項損益表的計算，筆者要特別說明的是，在目前不管是Apple app或是安卓App，幾乎所有記帳功能App，都有這個基本的功能，沒錯就是算損益表的功能。所以在各位讀者對於損益表的操作上，事實上並不難，基本上就要了解是收入減支出的概念，接著看得出來的最後損益數是正數或負數。各位讀者就可以知道這個月是有存錢還是吃老本的狀況了，讓我們來看看一個整合後的家庭理財損益表是什麼樣子，請見下圖：

▼ 家庭理財損益表

		201701	201702	201703	201704	201705	201706
科目	總收入	142,800	54,000	54,000	56,000	54,000	94,000
	經常收入	60,000	50,000	50,000	50,000	50,000	50,000
4101	薪資-爸爸	50,000	50,000	50,000	50,000	50,000	50,000
4102	薪資-媽媽	0	0	0	0	0	0
4103	預收年終	0	0	0	0	0	0
	非經常收入	82,800	2,000	2,000	3,000	2,000	22,000
4201	紅利	77,800	0	0	1,000	0	20,000
4202	投資	3,000	0	0	0	0	0
4203	其他	2,000	2,000	2,000	2,000	2,000	2,000
科目	總收入	98,675	71,029	86,461	72,838	118,469	67,459
	經常收入	87,012	66,511	86,268	70,426	104,267	60,511
5101	餐飲費	98,675	71,029	86,461	72,838	118,469	12,633
5102	生活用品費	1,215	315	1,299	399	3,603	0
5103	孝親費	50,659	27,189	29,753	20,688	46,165	14,535
5105	汽車費	1,037	4,387	4,039	3,294	10,977	3,649
5106	機車費	121	235	229	1,035	613	2,462
5107	交通費	14,463	1,590	905	0	310	0
5108	利息費用	2,977	2,934	2,893	2,863	7,223	7,554
5109	管理費	2,133	2,133	2,133	2,133	2,133	2,133
5110	水電費	0	808	3,336	2,493	176	2,318
5111	郵電費	831	2,383	1,595	2,984	3,891	2,277
5112	保險費	2,683	8,509	27,287	21,745	16,697	12,470
5113	醫療保健費	300	950	92	346	300	380
科目	非經常支出	11,663	4,518	193	2,412	14,202	6,948
5201	娛樂費	1,618	888	0	0	0	58
5202	投資損失	0	0	0	0	0	0
5203	其他	9,045	30	0	1,212	13,603	4,950
5204	治裝費	1,000	3,600	193	0	599	740
	總盈餘	44,125	(17,029)	(32,461)	(16,838)	(64.469)	26,541

201707	201708	201709	201710	201711	201712	總結算
52,000	102,000	190,954	147,453	113,208	121,000	1,181,415
50,000	100,000	100,000	100,000	100,000	100,000	860,000
50,000	50,000	50,000	50,000	50,000	50,000	600,000
0	50,000	50,000	50,000	50,000	50,000	250,000
0	0	0	0	0	33,700	43,700
2,000	2,000	90,954	47,453	13,208	21,000	290,415
0	0	55,000	0	0	19,000	172,800
0	0	33,954	45,453	11,208	0	93,615
2,000	2,000	2,000	2,000	2,000	2000	24,000
75,163	60,904	64,761	74,968	60,985	72,020	923,732
72,063	56,695	56,029	69,556	51,172	69,678	850,188
17,580	18,174	14,508	14,958	13,505	16,302	170,663
1,140	435	1,202	1,154	2,686	2,883	16,331
15,600	11,539	14,721	20,822	12,066	18,237	281,974
10,757	4,616	9,607	7,312	5,028	12,341	77,044
508	146	434	532	392	277	6,984
220	500	300	1,464	173	300	20,225
9,608	7,587	8,695	8,794	8,194	8,344	77,766
853	2,133	2,133	2,133	2,133	2,133	24,316
0	4,198	0,	3,821	0,	1,663	18,813
3,057	3,719	835	4,842	3,378	2,309	32,101
12,740	3,115	3,264	3,724	3,167	3,169	118,570
0	533	330	0	450	1,720	5,401
3,100	4,209	8,732	5,412	9,813	2,342	73,544
61	257	310	1,235	226	180	4,833
0	0	0	0	0	0	0
1,200	2,554	1,007	0	5,724	942	40,267
1,839	1,398	6,695	0	2,313	0	18,377
(23,163)	41,096	126,193	72,485	52,223	48,980	257,683

我們可以看到此損益表由上向下來看，基本上分為三大區塊，第一大區塊收入；第二大區塊支出，第三區塊則是最下面的總盈餘，透過之前對於損益表的解釋，總收入－總支出=總盈餘，另一方面從左到右看，上面的201701代表就是年月，即2017年1月，這個可以經過時間而改變的，也就是如果現在是2018年3月，就可以填201803，以此類推。所以我們在分析這個表時，就知道在201701、201706、201708～201712都是正值，這代表是可以存起來的錢，而其他幾個紅字的月份201702～201705，201707就是在吃老本的錢，而我們在整體分析來看，是用累積的概念來看，是什麼意思呢？例如現在是2017年12月，這時我們在看今年到底總盈餘是多少錢，就是要把2017年1月到2017年12月的總盈餘都加起來，照我們的例題來看，加加減減起來，表的最右下方有一個數字257,683，這個數字就是代表你在2017年整年共存了257,683元，這就代表今年你是有存到錢進而可以在明年度運用的錢。

「做出屬於您自己的家庭理財資產負債表」

　　家庭理財資產負債表由三大成份所組成，資產、負債及淨值是這個資產負債表的重要組成份子，在我們第2－4章及2－5章已經詳細介紹了資產及負債的各個單一科目，接下來我們就是要整合這兩項資訊，讓這個資訊成為您家庭理財的另一個重要大將，那要組合整合呢？我們要有個基本概念，就是資產負債表所要的目的是什麼？主要是要算出到你現在這個年紀，究竟有多少資產及負債是在你自己身上，有資產（如車子、房子、定存單）是否有更好更有效率的投資方式，另一方面，負債在身上，是不是有什麼更優惠的理財工具，可以適時降低負債，離開負債人生，透過資產及負債的有效率的運用，讓讀者們離財務自由越來越近，這才是做出屬於您自己的家庭理財資產負債表有意義的地方。有一點要特別說明的是，我們在做家庭資產負債表時，還有一個特別的科目會出現，叫做淨值，什麼叫淨值呢？以白話來解釋就是你身上沒有負債後，究竟還有多少錢？所以在這個概念下，以實際上公式來表達，就是資產－負債＝淨值，就是從現在這個時間點，沒錯，就是你下定決心要記帳的這一刻，截至目前為止，你扣除負債後，真正屬於你自己的錢剩下那些，這個就是淨值的重要意義。依下圖來看，我們看出來淨值數為6,531,941，這個就是

代表扣除負債後，還有6,531,941元，在整個家庭資產負債表，相信讀者會發現資產＝負債＋淨值，這樣這個家庭資產負債表才是正確的，就是兩邊要相等，如果有數字不一樣，就是一定有少把東西算進去，例如淨值多了或少了，這樣就會造成家庭資產負債表兩邊不一樣，如果數字不一樣，這個家庭資產負債表就不是正確的，我們如果做出來一個不正確的家庭資產負債表，就會讓我們離財務自由就更遠了，所以在進行時，要特別小心喔，下圖為製作出來的家庭資產負債表的樣子，這個表是透過Excel所製作的，和各位讀者提醒一下。

▼ 家庭理財資產負債表

資產科目			成本
生息資產	1102	遠通ETC(常用)	172
	1200	銀行存款	288,817
	1201	一信貸款(房貸)	17
	1202	台銀房貸款(房貸)	38,299
	1203	奔亞股票(現金)	140,478
	1204	渣打(常用)	108,253
	1205	富邦信貸	126
	1206	凱基信貸	644
	1207	華南薪轉	1,000
		速動資產	292,069
暫用資產	1300	應收款	36,684
	1301	應收	684
	1302	應收押金	36,000
	1400	預付費用	2,665
	1401	預付網路費	2,665
	1402	預付保費	0
		暫用資產	39,349
投資資產	1500	投資	694,713
	1501	兆豐股票(股票)	281,600
	1502	奔亞股票(股票)	413,113
	1600	不動產/動產	21,592,515
	1601	房產-桃園	7,860,044
	1602	房產-高雄	13,732,471
		投資資產	22,287,228
總資產			22,618,646

負債科目			金額
消費負債	2100	信用卡	23,465
	2101	元大鑽金22 7	11,387
	2102	永豐鈦金26 10	0
	2103	上海頂好普卡2 15	0
	2104	玉山小叮噹白金7 22	0
	2105	兆豐歡喜6 24	0
	2106	富邦數位8 24	11,578
	2107	新年普卡12 28	0
	2108	凱基現金19 6	500
		速動負債	23,465
暫用負債	2200	應付款	756
	2300	預收押金	52,000
	2301	預收押金-桃園	
	2302	預收押金-高雄	52,000
		暫用負債	52,756
投資負債	2400	貸款	16,010,484
	2401	桃園房貸未還餘額-一信	5,247,649
	2402	高雄房貸未還餘額	9,527,997
	2403	台新借款	383,178
	2405	富邦信貸	128,020
	2406	遠東信貸	0
	2407	凱基信貸	723,640
		投資負債	16,010,484
總負債			16,086,705
權益/淨值	2501	權益/淨值	6,531,941
總權益／淨值			6,531,941
總負債／權益合計			22,618,646

「做出屬於您自己的家庭理財投資獲利表」

　　在進行投資股票或債券等等投資工具時，獲利的整合是一個重要的資訊，我們在2－4章有簡略介紹，目前在投資股票時，都有搭配的投資股票軟體來進行買賣股票，也能提供損益金額。但如果涉及投資帳戶如果有二個以上的情況下，有必要進行年度的家庭理財投資獲利分析，這時有一個分析的總表就顯的相當重要，在透過Excel把這個資訊登錄好後，透過Excel的強大功能樞紐分析表（筆者提供自身在樞紐分析表的欄位設定，提供各位讀者參考），我們可做出依照年度及每月份分析的獲利情形，這個獲利情形可以清楚讓讀者知道，今年度每月份的投資損益狀況，而這個投資獲利或損失，主要在家庭損益表會呈現出來，如果有獲利，就會在收入有數字，像下圖是獲利情形407,814，就是今年度獲利407,814，我們在損益表上，在收入這一塊就會把407,814元算進收入裡面，那如果是損失呢?此時科目要算在另一個科目，筆者會列一個支出科目，叫投資損失，就是今年度損失數字。

▼ 家庭理財投資獲利表

▼ 家庭理財投資獲利分析表

加總-損益金額 列標籤	欄標籤 106.01	106.02	106.03	106.04	106.05	106.
父	-20402	-43270	-76161	81251	90208	31
股	-20402	-43270	-76161	81251	90208	31
債						
母	369	30628	37179	20116	9240	27
股		30301	37179	18909	8469	-6
退佣	369	327		1207	771	3
總計	-20033	-12642	-38982	101367	99448	34

07	106.08	106.09	106.10	106.11	總計
48	28355	16963	160951	6076	268863
48	28355	16963	160951	5824	268863
				252	252
947	-4401	51881	2120		138951
112	-6097	51264			125261
165	1696	617	2120		13690
7495	23954	68844	163071	6076	407814

▼ 家庭理財投資獲利表

類型	account	獲利月	帳戶	名稱	多空
股	父	106.1	犇亞	葡萄王	多
股	父	106.1	犇亞	台曜	多
股	父	106.1	犇亞	遠欣工	多
股	父	106.1	犇亞	東碩	多
股	父	106.1	犇亞	昂寶	多
股	父	106.1	犇亞	中鴻	多
股	父	106.1	犇亞	逸昌	多
股	父	106.1	犇亞	永新	多
股	父	106.1	犇亞	材料	多
股	父	106.1	犇亞	台半	多
股	父	106.1	犇亞	振曜	多
股	父	106.1	犇亞	奇力新	多
股	父	106.1	犇亞	崧騰	多
股	父	106.1	犇亞	中石化	多
股	父	106.1	犇亞	中石化	多
退佣	母	106.1	兆豐	折讓	多
股	父	106.2	犇亞	崧騰	多
股	父	106.2	犇亞	崧騰	多
股	父	106.2	犇亞	折讓	多
退佣	母	106.2	兆豐	折讓	多
股	母	106.2	兆豐	崧騰	多
股	母	106.2	兆豐	崧騰	多
股	母	106.2	兆豐	群電	多
股	母	106.3	兆豐	崧騰	多
股	父	106.3	犇亞	岳豐	多
股	父	106.3	犇亞	岳豐	多

收入	成本	損益金額	損益%
167,456	178,042	（10,586）	-5.95%
265,739	261,110	4,629	1.77%
195,566	194,546	1,020	0.52%
103,864	105,424	（1,560）	-1.48%
215,800	220,052	（4,252）	-1.93%
19,873	20,008	（135）	-0.67%
213,010	216,200	（3,190）	-1.48%
301,022	299,368	1,654	0.55%
367,308	370,587	（3,279）	0.88%
397,509	392,291	5,218	1.33%
281,486	286,667	（5,181）	-1.81%
71,568	71,516	52	0.07%
33,431	32,618	813	2.49%
201,346	204,047	2,701	-1.32%
144,930	147,834	（2,904）	-1.96%
		369	
153,732	191,695	（7,963）	-4.92%
875,073	911,942	（36,869）	-4.92%
		1,562	
		327	
221,655	188,556	33,099	17.55%
151,115	154,000	（2,885）	1.87%
39,323	39,263	87	0.22%
253,192	216,013	37,179	17.21%
450,039	475,510	（25,471）	-5.36%
701.720	748,375	（46,655）	-6.23%

2-6-4

「如何應用到APP上」

　　以上介紹都是在Excel登錄的方式，各位讀者可能會問，目前App如此方便，使用App要如實與生活實現呢，筆者在2－2－4章有介紹為何使用每日記帳本的初衷，也因為這個初衷，讓筆者希望與生活不要脫節，如果需要都收集發票然後回家登錄Excel，對於現在生活方便性來說，其實失去其便利性，這不是筆者想要的，故如何用APP與生活上做結合，就是一個很大的重點。

　　而在此之前，各位讀者在看過上面的章節以後，基本上對於整個家庭理財的相關報表有初步了解，在這個初步了解的架構下，來使用APP就更能如魚得水，相信各位讀者就能快速上手了。

　　接下來筆者來說明，在經過前面章節的介紹，並登錄到APP上後，我們如何在手機上利用APP程式，隨時隨地輕輕鬆鬆的看以上所介紹的，家庭理財損益表及家庭理財資產負債表呢？

　　首先第一步，先登錄到每日記帳本APP內，接下來在每日記帳本的介面上，我們在右上角有一個報表桌面（以白色為底的），在下方這個區塊中，我們在會發現有三個項目，分別是單月份結算，單年結算及總結算，先讓筆者來介紹其他差異吧。

單月份結算：指的是在依每個月都會產出一個報表。

單年結算：指的是依每年度都會產出一個報表。

總結算：指的是從你出生至現在累計有多少東西的一個報表。

而這三個項目，恰恰就是我們在之前所學習到的家庭理財損益表及家庭理財資產負債表，讓我們開始進入家庭理財APP的世界吧。

✅ 單月份結算

家庭理財損益表就是在這個單月份結算項目所呈現出來的。

而這個單月份結算，可以看出來你這個月究竟有多少收入，又有多少支出(花費)，並協助你進行自動計算，不用像Excel在那邊自己加加減減。

下圖就是截取部份畫面的型式，這個部份的資訊會和我們在2－6－1章結合。

請見以下範例：

都幫你紀錄了!

✅ 單年結算

我們又會想，一年是由12個月所構成，那一個年度結算的家庭理財損益表也是必要的囉，沒錯，所以在單年結算這個項目，就是一個以年度為基礎來考量的項目，這個APP也會自動把每個月登錄的資訊，自動化的加總成為年度資訊，這樣各位讀者如果想分析期間更長的數據，就可以從這個項目來了解。

依此題範例就是2017年總收入1,163,493　總花費為1,568,988總盈餘／損失＝總收入－總花費＝總盈餘／虧損，簡單的説就是2017年度為虧損的，其數字就是-405,495（1,163,493～1,568,988）。

←	◎	→	📅31

2017-單年結算	
收入	$1,163,493
4100經常收入	$483,234
4101毅薪資	$35,334
4102玄薪資	$447,900
4103年終	$0
4200非經常收入	$680,259
4201紅利	$161,462
4202投資	$407,814
4203其他	$83,983
4204房產	$27,000
4205瑜收入	$0
4206稅收入	$0
花費	$1,568,988
5100經常支出	$1,385,157
5101餐飲費	$334,771
5102生活用品費	$60,659
5103樺樺費	$102,374
5104瑜瑜費	$177,277

✅ 總結算

當然囉，家庭理財資產負債表，就是利用累計結算所產生出來囉。

這個報表我們在2－6－2章有介紹過Excel的型式，而APP的呈現就如下圖：

一個從出生到現在為止，在你身上累計有多少身價或是一個家庭的組成後，這個家庭究竟有多少資產及負債，就在這個表一覽無遺，只要利用這個APP，就可以自由的隨時看你看己要看的資訊囉。

到 2017/11(11/30)	
資產總結算	$23,052,680
1100約當現金	$6,116
1101現金	$5,144
1102遠通etc	$972
1200銀行存款	$223,437
1201一信房貸毅	$31,617
1202台銀	$783
12021房備活存毅	$0
12022房貸毅	$783
12023房備定存毅	$0
1203元大日常毅	$0
1204玉山日常玄	$0
1205永豐日常毅	$60
1206元大股票毅	$0
1206凱基股票毅	$0
1207兆豐toto毅	$3,750
1207奔亞股票	$74,309
1208渣打人幣玄	$0

真的超方便!!

MEMO

第 *3* 章

家庭理財
指標

第 1 節
家庭理財家庭財務比率六大指標

　　而透過我們製作出來家庭理財資產負債表及家庭理財損益表，我們會發現報表資訊這麼多，到底是要看什麼數據，讓我們可以輕輕鬆鬆掌握這二張管理報表呢？

　　讓我們在看第一個家庭理財損益表，主要就是看收入－花費（支出）＝損益（存的錢／吃老本），主要是看是正值還是負值，知道正值還是負債後，就可以再來分析如何來增加收入或是減少花費(支出)，讓我們的損益可以維持一個平衡，如果有可以固定存到一些錢，就更好了。依筆者的經驗，如果家庭有小孩之後，整個家庭的損益要達到一個損益平衡的情況，己是相當不容易的事情，大部份時間都是負的，所以各位讀者才要努力學習投資理財，讓本身家庭理財狀況維持平穩，讓整個家能夠氣氛穩定才是另一塊有關家庭理財資產負債表方面，基本上可以透過一些家庭理財財務指標，來看看目前家庭理財情況是否在一個安全的情形，當然要請各位讀者注意的是，如果製作出來的家庭理財資產負債表財務比率後，發現財務比率都在一個紅字(不好的)方向，也不用過於擔心，但是你至少有個底，可以思考看看手邊有那些資產可以更有效的過用，或是那些負債可以減少或有效率降低利率，來達到整個家庭理財資產負債表平穩情形，這個報表不是要來嚇自己的，而己讓自己心中對於家庭理財有認知，知道現狀是什麼，而我們未來可以如何做，來達到家庭資產負債表平穩狀

況，讓自己的家庭安穩，筆者認為這才是做這個報表的另一個重要意義。

下面，讓筆者介紹自己目前在使用的六個家庭理財財務指標吧！

✅ 指標一：家庭負債比

公式：家庭負債比率＝總負債／總資產（資產負債表）

家庭負債率比不宜過高，衡量家庭狀況是否良好，這個指標體現家庭綜合還債能力，預防流動不足產生家庭財務危機。如果結果小於50%，說明家庭負債比率適宜；如果大於50%，家庭存在產生財務危機的可能。

✅ 指標二：家庭融資比

公式：家庭融資比率＝投資負債／生息資產

家庭融資比率不宜過高，衡量家庭狀況是否良好，投資借出來的錢較多，負擔利息也是借出來的錢來計算，如果借出的錢不能有效利用，生息資產投資所賺的錢沒有借出來的錢所付的多，就容易造成要動用到家庭基本收支款，增加純家庭收支負擔。

✅ 指標三：家庭消費負債比

公式：家庭消費負債比＝消費負債／總資產

家庭消費負債比不宜過高，衡量家庭狀況是否良好，這個指標反映出你在家庭消費方面占總資產的權重。數值越大，説明你的家庭消費金額過大，如果超過總資產某一比率（如1%）則代表家庭理財消費過多，尚需節制。

指標四：家庭生息資產權數

公式：家庭生息資產權數＝生息資產/總資產

家庭生息資產權數越高越好，衡量家庭狀況是否良好，這一指標反映了你家通過投資增添財富、實現目的的能力。一般認為，投資與總資產比例堅持在50%以上為好。家庭未來越來越窮，還是越來越富，看看這個指標就會一目了然。

指標五：家庭償付比率

公式：家庭償付比率＝淨資產／總資產

家庭償付比率越高越好，衡量家庭狀況是否良好，此為家庭綜合還債能力高低，通常介於0～1正常為50%，如果償債比率太低表示生活要靠借債維持，經濟不景氣時家庭可能出現資不抵債情形。

指標六：家庭速動比率

公式：家庭速動比率＝流動性資產／每月支出

家庭償付比率越高越好，衡量家庭狀況是否良好指未發生資產本金條件下，可快速變現之資產，如現金，存款，貨幣市場基金等一般至少有3～6個月日常開支。

負債比率 　　　71.1%
負債比率＝ 　　　總負債／總資產
衡量家庭狀況是否良好，控制在50%以下
預防流動不足出現的財務危機

融資比率
融資比率＝ 　　　投資負債／生息資產

消費負債比率 　0.1%
校費負債比率：消費負債／總資產

生息資產權數 　1.3%
生息資產權數：生息資產／總資產

償付比率 　　　28.9%
償付比率＝ 　　　淨資產／總資產
家庭綜合還債能力高低，通常介於0～1
正常為50%，如果償債比率太低
表示生活要靠借債維持，經濟不景氣時
家庭可能出現資不抵債情形

速動比率 　　　12.33
速動比率＝ 　　　流動性資產／每月支出
指未發生資產本金條件下，可快速變現
之資產，如現金，存款‧貨幣市場基金等
一般至少有3～6個月日常開支

第 *4* 章

 家庭理財
改善行動

第 **1** 節
如何進行家庭理財改善

透過第三章，我們可以發現家庭理財損益表及家庭理財資產負債表所呈現出來的情形，絕大部份都是紅字的，也就是如何，我們該如何改善這些情況呢？

在家庭理財損益表來看，我們可以發現構成份子是收入及花費（支出），基本上就是朝二個方向來進行。

1.增加收入

2.減少支出

目前你的收入如果集中在薪資收入，那就是要另開財源，由於每個人的擅長不同，或許可以思考目前自己擅長的地方可以做何種的運用，舉例來說，如果你本身工作是一個工程師，在公司內就會畫產品圖，使用AutoCad，這樣或許可以從外包網去接案，讓你自己有一個其他收入，又或者你在學校有幼教老師背景，假日時就可以利用時間去做假日保母等工作，為自己增加一份收入等等，都是增加收入的方式之一。

另外一塊，在減少支出部份，如果你是有和銀行借錢，通常銀行給你的利息會挺高的(通常利率7%～20%)都有可能，如果上市櫃公司員工(通常利率3%～7%)，這時如果你家中有一間沒有貸款的房屋，就可以用房子去貸款(通常利率1.5%～3%)，不用付貴貴的信用貸款的利息錢，筆者就建議去用房貸借就好，一整

個利息錢差很大，依照借100萬來看，其利息差異可以到100萬 X（20%－1.5%）＝18.5萬，這個錢你要賺多久，存多久才能達到，所以千萬不要輕視這些東西，一定要好好學習到會，才可以任運自如。

在家庭理財資產負債表呢，我們可以發現構成份子是資產及負債，基本上就是朝二個方向來進行。

1.資產效率應用

2.負債整頓

資產效率應用是一個很重要的概念，以我們放在銀行的錢來說，通常都放在活存帳戶，現在平均都在0.1%的年利率水準下，非常微利，以100萬來看，活存利息錢就是只有一年1,000塊給你，今天如果確定這筆錢不會用的情況下，可以放在定期存款的給他定存，現在銀行最低也有提供一個月定存(如果說一年太久，用短期的來計算)定存利率也有個0.6%，以100萬來看，一個月存利息錢就是一年6,000塊給你，你有沒有發現一個很可怕的事情。

就一個小小的觀念，就可以讓你的錢增大5倍，這是沒有風險的喔，只要花你一點點時間，動動一下手指頭，去銀行開一下網路銀行戶，這些不用花錢的事情，就可以讓你錢變大，這對你來說才是有意義的事情。

負債整頓也是一個重要項目，當我們借的錢太多，每個月就要付那麼多付利息錢，這樣利息越付越多，到底意義在那呢?買車的車貸是一個重要檢視項目，買新車時通常車子會搭配車子貸款，可能因為想說方便，就搭配車貸去買車，這個部份可以進行

檢視，如果未來讀者想買車時，其如果有現金就是現金買車可以壓低買車價，如果真沒錢也可以先用車貸方式和各大車商借款(車貸利率通常7%～12%)，接著再進行較低利率的轉貸即可，如果你現在有車貸，下定決心吧，把這個車貸債務好好的整頓一下吧。

　　● 在上面我們介紹一些家庭理財改善活動實際案例，提供各位讀者，按照這個邏輯可以去好好思考現在專屬於你的家庭理財情形。

4-2 低風險度的投資及理財工具

4-2-1

「我們知道不同家庭生命周期適合的理財工具和方式」

家庭生命周期，大致可分四階段，而每階段又可以從四面體現，時間、收入、支出及狀態。

✅ 第一階段，家庭形成

時間為起點是結婚，終點為生子，年齡在25歲至35歲間。此階段的人事業處在成長期，追求收入成長，家庭收入漸增加。支出在由於年輕，喜愛浪漫會有些花費，正常的家庭支出、禮尚往來，也有一部分人為學業深造，也是一筆不小支出，此外多數人會有房貸每月要付房貸需要考慮，也會為下一階段孩子出生準備。「月光族」及「卡奴」是此階段較常見的現象。此階段理財屬穩健型較適合的方式是投資貨幣基金和定期定額。因為此階段結餘有限，故需要採取兼顧安全、收益、流動性和門檻低的投資方式。另外，此階段如果讀者風險承受能力強，可以拿出部分

資金投資股票，但是如果資金對股票不了解，一定要諮詢專業人士，而且要用自己的錢在市場嘗試下單並操作，千萬不要一昧相信專業人士，畢竟錢是自己的，交給別人總是不安全。

第二階段，家庭成長期

時間為起點是生子，終點是子女獨立，年齡在30歲至55歲間。目前正處於事業的成熟期，個體收入大幅增加，家庭財富得到累積，有可能得到遺產繼承。但支出也很多，如父母孝親支出、正常的家庭支出、禮尚往來、子女教育支出，還有自己健康支出，有經濟基礎後還要考慮換房換車等。整體狀態是責任大、壓力重、收大於支、略有盈餘。

這個階段可以考慮債券、基金、定存及股票，還要給家庭收入支柱買保障類的保險。還有可以開始退休做準備。有實力的可以考慮信託。

第三階段，家庭成熟期

時間起點是子女獨立，終點是退休，年齡在50歲至65歲之間。此階段正是事業鼎盛期，收入達到頂峰，家庭財富有很大的累積狀況。支出主要在父母孝親支出、家庭正常支出及禮尚往來，另外則是為子女購房支出。狀態是收大於支、生活壓力減輕、理財需求強烈。這個階段需要採取較為穩健型理財方式，可以考慮信託、債券、銀行理財等穩健型產品，少量配置股票類資產，還有可以為養老做準備。

✅ 第四階段，家庭衰老期

時間為起點是退休，終點是一方身故，年齡在60歲至90歲之間。正常收入有退休金、孝親收入、房租收入，還有部分理財收入。支出在正常家計支出及健康支出，另外還有一部分休閒支出，如旅遊等。狀態可能是收不抵支，需要子女幫助。這個階段適合分債券、國債、定存等非常穩健的方式。

4-2 低風險度的投資及理財工具

4-2-2

「家庭理財使用的網站工具」

我們在了解到以上的不同家庭生命周期適合的理財工具和方式後,在家庭理財的工具上,其實還是要偏重較穩健,風險度相對低的投資及理財工具,才不致對家庭造成重大衝擊。

以下筆者來介紹一些適合家庭理財讀者使用的網站工具:

銀行利率查詢利率比較表TaiwanRate.com

網址:http://www.taiwanrate.com/

◆ 這個網站針對目前台灣所有銀行,活存,每個月定存利率有著整合性資訊,可以提供各位讀者在決定要把活存轉做定存時,要選那一間是利率相對較高的,是一個很方便的網站工具喔,缺點就是只提供定存利率及活存利率,信用卡及貸款利率等等資訊沒有介紹。

Money101.com.tw 理財達人 | 你的理財好夥伴

網址：https://www.money101.com.tw/

◆ 這個網站整合了理財所有相關資訊，包含信用貸款利率比較，信用卡比較及定存相關利率比較，是一個整合性網站，缺點是也因為有整合所有網站比較複雜，要多多使用才好熟悉介面喔。

悠債網

網址：http://www.yobond.com.tw/

◆ 這個網站介紹目前台灣市場及大陸市場上有關可轉換公司債資訊(包含股價及新聞報導)，也有Blog教學基本的可轉換公司債資訊，對有興趣學習風險較低且比定存還高一點利率，筆者非常建議要好好研究，讓你賺比定存還多的利息錢喔。

MEMO

MEMO

第 5 章

珠寶投資

「珠寶投資」

隨著人們收入水準的逐漸提高和理財意識的增強，近年來，越來越多的人選擇購買珠寶來投資，做為資產配置的其中一項。價值不菲的珠寶想要升值，也需根據市場的即時狀況調整，那麼作為基本的珠寶理財類別有哪些？並且在投資前需要掌握哪些珠寶知識？而各種投資屬性投資人分別適合投資那些珠寶呢？

筆者以親身經歷，給各位想要投資珠寶的各位，可做為珠寶投初階學習者一個基礎地圖。

✅ 第一：珠寶分類

珠寶按其成因類型（天然成形或人工製造）分為天然珠寶和人工寶石。

（一）天然珠寶按成因和組成分為黃金、天然寶石、天然玉石、有機寶石。

（1）貴金屬：如黃金、銀等。

（2）天然寶石：如鑽石、紅寶石、藍寶石、祖母綠等。

（3）天然玉石：如翡翠、軟玉、岫玉等。

（4）有機寶石：如珍珠、珊瑚、琥珀等。養殖珍珠也屬此類。

（二）人工寶石是完全或部分由人工生產或製造做為首飾及裝飾品材料，包括合成寶石、人造寶石、拼合寶石和再造寶石。

（1）合成寶石：如合成祖母綠、合成紅寶石。

（2）人造寶石：如人造釔鋁榴石、人造鈦酸鍶等，迄今為止自然界中還未發現此種礦物。

（3）拼合寶石：是由兩塊或兩塊以上材料經人工拼合而成，且給人以整體印象的珠寶玉石，簡稱「拼合石」。

（4）再造寶石：通過人工手段將天然珠寶玉石的碎塊或碎屑熔接或壓結成具整體外觀的珠寶玉石，常見的有再造琥珀、再造綠松石等。

（三）仿寶石是模仿天然珠寶玉石的顏色、外觀和特殊光學效應的人工寶石。例如仿鑽石、仿祖母綠等。

第二：珠寶評鑑

珠寶稀有又珍貴,在鑽石及寶石鑑定上,自然有一套決定它在市場上價值評鑑標準,就是所謂的「4C」,即克拉（Carat）、淨度（Clarity）、顏色（Color）及車工（Cut）。

其中又以鑽石評鑑被為嚴謹,在國際上有公定的價格,時至今日「4C」的標準需重新定義,當鑽石逐漸普及化之後,「6C」則是目前市場上價值評鑑新標準,「6C」指的是克拉（Carat）、 淨度（Clarity）、車工（Cut）、顏色（Color）、商譽（Credit）及證書（Certificate）。

2.1：克拉（Carat）

寶石的評鑑單位稱為克拉,1克拉等於0.2公克,1克拉又可細分為100分（points）,所以各大鑑定機構所標明的計重單位,都是計算至小數點後兩位,通常愈大的寶石原礦越罕見,所以克拉數越大的寶石成品,價值自然不斐。

2.2：淨度（Clarity）

指的是寶石內部的乾淨程度,視寶石的內含物和瑕疵的多少而定,淨度越高品質可以認定為越好。一般而言寶石礦物在結晶過程中,常常會有包裹體或內含物（Inclusion）產生,而它的內含物通常就是鑑定真偽的重要指標。如紅寶石中的絲狀（Silk）內含物,就是鑑定天然紅寶石的重要依據之一。

2.3：車工（Cut）

車工是寶石唯一經過人工處理的程序,然而優良車工能讓寶

石的光彩達到最佳狀態，使色澤更加漂亮，以顯示出各種寶石的特色，進而增加寶石的價值。

2.4：顏色（Color）

除了晶瑩剔透的無色鑽石外，其他有色寶石的顏色，是決定價格重要因素。有色寶石以顏色純淨、色彩鮮明者為上品，價格自然就高。例如紅寶石中俗稱的「鴿血紅」紅色，遠比深紅或紫紅色的紅寶石珍貴；而具有「矢車菊」或「皇家藍」顏色的藍寶石，也比其他顏色的藍寶石來的貴重。

2.5：商譽（Credit）

向良好商譽的珠寶品牌或拍賣公司購買的珠寶，通常較能保證其價值性。一間具有制度並講求信用的珠寶公司，不但能夠在珠寶專業上提供客戶多方建議，也較能提供後續服務。

2.6：證書（Certificate）

全球國際四大鑽石認證機構：GIA美國寶石鑑定所、EGL歐洲寶石鑑定所、HRD比利時鑽石高階會議及IGI國際寶石鑑定所。擁有國際認證證書，除了是寶石身份證，也是投資者在投資寶石時的最佳保障。

3：珠寶投資建議

在投資市場中，每個人投資屬性不同，自然造就不同的投資標的，投資屬性是什呢？就是投資是人是屬於保守型，只想保本，不想承受風險，自然也就獲取的報酬有限；穩健型，在自己有限能力中，承受部份風險，也能獲取中等報酬；積極型投資人

則是主動出擊，可以承受高度風險，當然，在報酬的獲取上，就可以有巨額的報酬收入。

	保守型投資人	穩健型投資人	積極型投資人
風險	低	中	高
報酬	低	中	高

在教學課程中，時常聽到學員在說，「可否推薦低風險高報酬的投資工具」，筆者明白大家對於投資理財的期待，但是筆者必須說，還是需要依照自身條件，去尋找屬於自己適合的投資工具，常見想要「可否推薦低風險高報酬的投資工具」的學員，最後被不良業務帶去買極高風險的投資工具，而業務在口頭敘說這是保守的投資，最後的結果，業務投資失利，導致投資的本金也消失，反而吃了大虧，如果這筆錢是閒錢，不影響生活也就算了；最糟糕的是，這筆本錢是自己退休老本，最後本來自己可以安心退休的依靠沒了，只好屆退休再出來上班生活，這樣子就本末倒置了。

需特別說明的是，天然珠寶才具投資價值，人工寶石或是仿寶石，並不在以下討論之列。

以下針對各屬性投資人，提供珠寶投資建議：

3.1：保守型投資人

●推薦標的：黃金。

保守型投資人風險承受度低，黃金是一個好標的。黃金自古以來就是充當貨幣的角色，黃金保值毋庸置疑，中國人有「亂世買金」的至理名言，其市場流通性來說最高。黃金本身屬於貴重商品，黃金價格會隨著通貨膨脹而上升，也就是黃金抵消了通貨膨脹的損失，保證了投資者的資產不會被通貨膨脹侵蝕，而在台灣除了投資實體黃金以外，目前在銀行也有推出黃金相關金融商品，即可以以網路銀行方式對黃金進行投資（例如台灣銀行黃金存褶），讓黃金的投資者，可以在網路上進行黃金投資，銀行也有提供虛轉實服務，即為當黃金存摺買到一定數量，即可以換成實體黃金，讓投資者把黃金條塊帶回家。

3.2：穩健型投資人

●推薦標的：白色鑽石。

白鑽有一定的保值、升值空間，但也有些需要注意的地方。

　　人云，物以稀為貴。能夠保值、升值的鑽石，數量必須是比較少的（重量、顏色、淨度、切工都不錯或者其中幾項很好）。換句話說，一顆一般的鑽石，隨處可見，人家就沒有必要買「二手」的了，直接去珠寶公司去買一個新的就好。除非你是名人，你帶過的，粉絲都搶著要！另外鑽石的折現能力中等，遠遠沒有黃金來的快。換句話說，當你缺錢時，手裡有一塊黃金，你可以馬上換成鈔票，但是你有一顆鑽石，哪怕是絕世鑽石，也不見得會有人收或者不會立刻變成錢，這時如買白鑽如有張GIA證書（為上節介紹6C其中之一），對於售出價格較有支撐力。白鑽有一個優點就是有國際價格行情可以參考，但是整個流通市場上相較黃金沒有那麼普遍，目前可以回收白鑽換現的地方，在銀樓及當鋪

是常見換現管道。

3.3：積極型投資人

●推薦標的：彩色鑽石，紅寶石、藍寶石以及祖母綠寶石。

彩色鑽石、紅寶石、藍寶石以及祖母綠寶石這些是國際珠寶界公認的四大名貴寶石，認可度高，但這個認可度並沒有一套國際價格行情可參考，由此，在進行彩色鑽石，紅寶石、藍寶石以及祖母綠寶石的投資，一定要把6C情形都要考量進去，這方面投資屬於極其實業部份，不管在珠寶本身特性（克拉、淨度、車工、顏色），外部認證（商譽、證書）都會影響到珠寶價值。

	保守型投資人	穩健型投資人	積極型投資人
風險	低	中	高
報酬	低	中	高
推薦標的	黃金	白鑽	彩色鑽石，紅寶石、藍寶石以及祖母綠寶石
銷售通路	多	中	少
注意要點	國際黃金行情	國際鑽石行情	6C（克拉、淨度、車工、顏色商譽、證書）需特別注重

MEMO

參考資訊

1.中國信託「臺灣世代家庭理財行為調查」

網址：http://chinatrustgroup.great3.com.tw/newsinfo.aspx?id=1163

2.市場先生

網址：http://www.rich01.com/

3.悠債網

網址：http://www.yobond.com.tw/

4.Money 101

網址：https://www.money101.com.tw/

5.全圖解家庭理財書(案例實操版)（簡體書）

網址：http://m.sanmin.com.tw/product/index/005974169

6.生命，從50歲開始

網址：https://tw.saowen.com/a/41df0e416870f141b8572c09bfe7391
bde9147c8c1486a6b608f625d73972177

7.選擇的自由筆者：米爾頓・傅利曼（Milton Friedman）和
羅絲・傅利曼（Rose Friedman）

8.洛克菲勒給孩子的信：天下沒有白吃的午餐（洛克菲勒
2008）

網址：http://www.epochtimes.com/gb/8/11/25/n2340951.htm

9.新時代對於「新富足概念」的轉型

網址：http://greatcentersun.pixnet.net/blog

10.財富不是錢

網址：http://mrjamie.cc/2010/10/21/wealth-is-not-money/

11.維基百科MBA

網址：http://wiki.mbalib.com/zh-tw/%E7%90%86%E8%B4%A2%E4
%BB%B7%E5%80%BC%E8%A7%82

12.四種典型的理財價值觀―為摳門兒正名

網址：https://read01.com/7G8yQn.html#.WhoZ1kqWaUk

13.你把時間與金錢花在哪裡？你的人生就是什麼樣子

網址：http://jgospel.net/spiritual-living/spiritual-voice/%E4%BD%A
0%E6%8A%8A%E6%99%82%E9%96%93%E8%88%87%E9%87%
91%E9%8C%A2%E8%8A%B1%E5%9C%A8%E5%93%AA%E8%A3
%A1-%E4%BD%A0%E7%9A%84%E4%BA%BA%E7%94%9F%E5%B

0%B1%E6%98%AF%E4%BB%80%E9%BA%BC%E6%A8%A3%E5%
AD%90%E2%80%A6.c119512.aspx

14.「賺錢、存錢、花錢」哪個最重要？原來…老闆想的和
你不一樣！

網址：http://www.rich01.com/2016/05/blog-post_26.html

15.投資就是今天把錢花出去，明天賺更多回來
巴菲特

16.雙薪家庭的理財陷阱

網址：http://www.pjhuang.net/2010/04/blog-post_09.html

17.兒童理財教育：小朋友的未來投資課
筆者：趙千雅、陳祐霖

18.換個記帳方式輕鬆達成財務目標！
CFP宅急便-TAYLOR 今周刊

19.養財第一步：把自己當公司管！套用這4張圖，立馬作出
「個人財務報表」

網址：http://wealth.businessweekly.com.tw/m/GArticle.
aspx?id=ARTL000029896

20.サッとしまえる・パッと取り出せる スッキリ!整理生活
吉島 智美 （著），和田 裕 （著）
東西少一點，更幸福！－幸福奶奶的生活整理術
筆者：權奶奶

21.無殼蝸牛最想問：買房子要準備多少頭期款才夠？VO 生活悅讀

22.低薪生活負擔大　租屋選擇也要精打細算
崔媽媽
https://house.ettoday.net/news/1009797

23.聰明收納必學成功整理法
http://www.epochtimes.com.tw/12/1/18/184397.htm

24.大拍賣平台手續費比一比　決定賣家去留
網址：https://www.ettoday.net/news/20170315/885245.htm?t=5%E5
%A4%A7%E6%8B%8D%E8%B3%A3%E5%B9%B3%E5%8F%B0%E
6%89%8B%E7%BA%8C%E8%B2%BB%E6%AF%94%E4%B8%80%
E6%AF%94%E3%80%80%E6%B1%BA%E5%AE%9A%E8%B3%A3
%E5%AE%B6%E5%8E%BB%E7%95%99

25.年輕人到底賺多少錢才能買車?其實只要懂「這個計算公式」…就可以避免幫車商做10年的奴隸 IRENE

網址：https://www.bomb01.com/article/27420

26.別急著找孩子的興趣　洪蘭教授在教養／
親子天下

27.台灣家庭收支調查報告　行政院主計處

網址：https://www.dgbas.gov.tw/np.asp?ctNode=2828

28.每日記帳本

網址：https://play.google.com/store/apps/details?id=com.bottleworks.dailymoney&hl=zh_TW

29.「六大比率」測出你的「家庭財務」是否健康，學起來！

網址：https://read01.com/mNjeaN.html

30.銀行利率查詢利率比較表TaiwanRate.com

網址：http://www.taiwanrate.com/

MEMO

MEMO

MEMO

國家圖書館出版品預行編目資料

財富自由,從家庭理財做起 / 陳政毅著. -- 初版. --
臺北市:博客思, 2018.08
面; 公分. -- (投資理財;11)
ISBN 978-986-96385-6-2(平裝)
1.家庭理財
421   107010023

投資理財 11

財富自由，從家庭理財做起

作　　者：陳政毅
編　　輯：陳勁宏
美　　編：陳勁宏
封面設計：陳勁宏
出 版 者：博客思出版事業網
發　　行：博客思出版事業網
地　　址：台北市中正區重慶南路1段121號8樓之14
電　　話：(02)2331-1675或(02)2331-1691
傳　　真：(02)2382-6225
E—MAIL：books5w@yahoo.com.tw或books5w@gmail.com
網路書店：http://bookstv.com.tw/
　　　　　http://store.pchome.com.tw/yesbooks/
　　　　　博客來網路書店、博客思網路書店、三民書局、金石堂書店
總 經 銷：聯合發行股份有限公司
電　　話：(02) 2917-8022　傳　真：(02) 2382-6225
劃撥戶名：蘭臺出版社　帳號：18995335
香港代理：香港聯合零售有限公司
地　　址：香港新界大蒲汀麗路36號中華商務印刷大樓
　　　　　C&C Building, 36,Ting, Lai, Road, Tai,Po, New,Territories
電　　話：(852)2150-2100　傳真：(852)2356-0735
經　　銷：廈門外圖集團有限公司
地　　址：廈門市湖里區悅華路8號4樓
電　　話：86-592-2230177　傳 真：86-592-5365089
出版日期：2018年8月 (初版)
定　　價：新臺幣300元整（平裝）
ISBN：978-986-96385-6-2

版權所有・翻印必究